新工科·普通高等教育机电类系列教材

机械工程测试与控制技术

主　编　张　昊

副主编　戴晓春　赵忠义

参　编　田晓峰　董振宇

机械工业出版社

本书旨在为机械工程类专业学生提供关于测试与控制系统的基本理论和实践知识。本书共分为 8 章，涵盖了信号的表示与分析、机械系统的数学模型、系统的时域响应分析、系统的稳定性分析、系统的稳态误差分析与计算、测试系统的基本特性和常用传感器方面的内容。

本书旨在为学生提供测试与控制技术的相关基础知识，帮助他们掌握基本的测试与控制原理，并能够运用所学知识解决实际问题。

本书可作为高等学校机械类专业及相近专业本科生的教材，也可供大专和成人教育相关专业选用，还可作为有关专业高等学校教师、研究生和工程技术人员的参考书。

图书在版编目（CIP）数据

机械工程测试与控制技术/张昊主编. —北京：机械工业出版社，2024.6
新工科·普通高等教育机电类系列教材
ISBN 978-7-111-75423-7

Ⅰ.①机… Ⅱ.①张… Ⅲ.①机械工程-测试技术-高等学校-教材
②机械工程-控制系统-高等学校-教材 Ⅳ.①TG806②TH-39

中国国家版本馆 CIP 数据核字（2024）第 059052 号

机械工业出版社（北京市百万庄大街 22 号 邮政编码 100037）
策划编辑：余 皞 责任编辑：余 皞 王 荣
责任校对：张婉茹 丁梦卓 闫 焱 封面设计：王 旭
责任印制：李 昂
河北环京美印刷有限公司印刷
2024 年 6 月第 1 版第 1 次印刷
184mm×260mm·12.25 印张·301 千字
标准书号：ISBN 978-7-111-75423-7
定价：39.80 元

电话服务 网络服务
客服电话：010-88361066 机 工 官 网 www.cmpbook.com
010-88379833 机 工 官 博 weibo.com/cmp1952
010-68326294 金 书 网 www.golden-book.com
封底无防伪标均为盗版 机工教育服务网 www.cmpedu.com

前　言

　　近年来，随着计算机技术、通信技术和人工智能技术的逐步发展，机械装备正日益向智能化、自动化和数字化方向发展。装备制造业是一个国家的脊梁，党的二十大报告中提出"推动制造业高端化、智能化、绿色化发展"。面对技术、资源、人才等方面的严峻挑战，我国装备制造业必须加快技术升级的步伐。

　　本书的编写背景是为了满足普通高等教育本科机械工程专业学生和相关专业工程师对测试系统和控制技术的需求。随着科技的发展和设备的不断升级，测试和控制技术在机械工程领域的应用越来越广泛。因此本书力求系统而全面地介绍相关内容，帮助学生和工程师深入了解测试系统和控制技术，并将其应用于机械系统。大学教育是培养人才和推动我国现代化建设的关键环节，本书不但讲述了测试与控制工程的基本理论，也为学生提供了丰富的实例，可以全面提升学生的综合设计能力，为今后从事机械设计工作打下坚实的基础。

　　本书是辽宁工业大学的立项教材，共8章，从测试系统和测试技术、机械工程中的控制理论和自动控制系统入手，介绍了信号的表示与分析、机械系统的数学模型、系统的时域响应分析、系统的稳定性分析、系统的稳态误差分析与计算、测试系统的基本特性，并详细地讲解了常用传感器在机械工程上的应用。本书由张昊担任主编，戴晓春、赵忠义担任副主编，具体分工如下：第1~4章由张昊编写，第5、6章由戴晓春编写，第7、8章由张昊、赵忠义共同编写，田晓峰、董振宇参与了本书的部分编写工作。

　　本书力求将理论和实际应用相结合，深入探讨测试和控制技术在机械工程中的实际应用情况，并结合课程内容给出了丰富的MATLAB代码供读者学习。通过本书的学习，读者将掌握如何建立机械系统的数学模型、如何分析系统的时域响应与稳态误差、如何进行控制系统的校正、如何分析测试系统的基本特性以及如何选择适用的传感器等。

　　由于编者水平有限，书中难免存在错误、疏漏及不足之处，恳请广大读者批评指正。

编　者

目　录

第1章

绪论

作为一项重要的工程技术，机械工程测试与控制技术在推动我国制造业高质量发展、提高产品质量、保障国家安全等方面发挥着重要作用。党的二十大报告指出："高质量发展是全面建设社会主义现代化国家的首要任务。"而机械工程测试与控制技术正是实现高质量发展的重要手段之一。通过引入先进的测试与控制技术，可以实现生产过程的实时监测和优化调整，提高生产效率和产品质量。同时，在绿色制造领域，运用测试与控制技术可以对生产过程中的环境污染进行有效监控和治理，降低企业的生产成本和环境风险。在制造领域，测试与控制技术则可以为企业提供个性化、定制化的服务，满足市场需求的多样化。

当前，随着计算机技术、通信技术和人工智能技术的快速发展，机械装备正日益向智能化、自动化和数字化方向迈进。这为机械工程测试与控制技术的应用带来了新的机遇和挑战。我们需要不断加强技术研发和创新，推动机械工程测试与控制技术的升级和进步，以适应新时代的发展需求。在这个过程中，我们需要不断提高机械工程测试与控制技术的质量和水平，为推动我国制造业高质量发展、实现中华民族伟大复兴的中国梦贡献力量。

1.1　机械工程控制论

控制指的是施加某种操作于对象，使其产生所期望的行为，可用如图 1-1-1 所示框图表示。

工程控制论是控制理论中一门重要的分支学科，该学科主要涉及受控工程系统的分析、设计和运行。工程控制论的发展源远流长，早在 20 世纪初，控制理论的雏形就已经形成。当时，生产过程需要采用机械进行自动化处理，这促进了控制理论的快速发展。

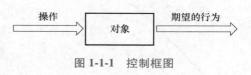

图 1-1-1　控制框图

随着时代的变迁，控制理论也得到了不断的发展和改进。1954 年钱学森所著《工程控制论》一书英文版问世，关于受控工程系统的理论、概念及方法首次被统称为工程控制论。该书一经出版，迅速引起了美国科学界乃至世界科学界的关注，并相继被译为俄文、德文、中文等出版。苏联发行的俄文版的《工程控制论》中将"控制论"定义为："研究信息和控制一般规律的新兴学科"。原航天工业部 710 研究所副所长于景元认为"工程控制论已不完全属于自然科学领域，而属于系统科学范畴。自然科学是从物质在时空中运动的角度来研究客观世界的。而工程控制论要研究的并不是物质运动本身，而是研究代表物质运动的事物之间的关系，即这些关系的系统性质。因此，系统和系统控制是工程控制论所要研究的基本问题。"工程控制论的出现对于推动受控工程系统的研究和应用具有重要意义。

在机械工业领域，控制理论具体应用体现为机械工程控制论，研究如何应用控制理论来提高机械设备的控制精度和效率，即机械工程技术中的广义系统动力学问题。随着信息技术的不断发展，机械制造技术正在与信息技术密切交融。控制理论作为信息技术的重要组成部分，也得到了越来越广泛的应用。当前，基于互联网的智能制造模式已经成为机械制造业转型升级的重要方向之一。在这一模式下，控制理论发挥出了更多地作用，通过数据分析和控制算法来指导生产过程，从而提高了机械产品的质量和效率。

机械工程控制论研究的问题在机械制造领域中是十分广泛。以生活中普遍应用的质量弹簧系统（Mass Spring System）为例（如车辆悬架系统中的减振器），如图 1-1-2 所示，其中输入为轮子受到地面位移的激励 $x_i(t)$，输出为车体的振动位移 $x_o(t)$。

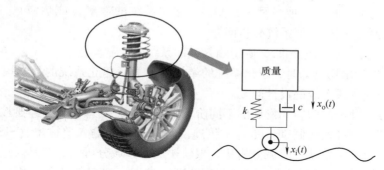

图 1-1-2　车辆悬架系统中的质量弹簧系统

质量弹簧系统可以用下面的微分方程描述：

$$mx_o''(t) + cx_o'(t) + kx_o(t) = cx_i'(t) + kx_i(t) \qquad (1\text{-}1\text{-}1)$$

式中，m 为弹簧上部车体的质量；c 为减振器的阻尼系数；k 为减振器的刚度系数；$x_o''(t)$ 与 $x_o'(t)$ 为车体位移关于时间的二阶导数与一阶导数。这个方程描述了输入（地面位移激励）与输出（车体位移响应）之间的动态关系。具体来说，轮子受到地面激励的作用 $x_i(t)$，车体会发生位移 $x_o(t)$；这个位移与减振器的阻尼系数和刚度系数相关，并且会随着时间的推移而改变。在这个系统中，输入、输出和机械系统本身之间的动态关系可以用图 1-1-3 表示。

图 1-1-3　质量弹簧系统的控制框图

在这里，机械工程控制论研究的就是输入 $x_i(t)$、质量弹簧系统（减振器）、车体的振动位移 $x_o(t)$ 三者之间的动态关系问题。通过建立这个联系，我们就可以设计减振器的阻尼系数和刚度系数，从而保证汽车能够平稳地通过不同状况的路面。

更一般的，机械工程控制论主要研究的是机械工程技术中的广义系统动力学问题。具体地说，它研究的是机械系统在一定的外界条件（即输入，包括外加控制与外加干扰）作用下，从系统的一定的初始状态出发，所经历的由其内部的固有特性（即由系统的结构与参数所决定的特性）所决定的整个动态历程，即研究这一系统及其输入、输出三者之间的动态关系，如图 1-1-4 所示。这里需要注意的是，控制论里的系统不是孤立存在的，必须与外界存在联系，即受到外界的作用（输入）并给予反应（输出）。

图 1-1-4　系统及其输入、输出之间的关系

在机械制造领域中，还有许多机械工程控制论应用的例子，如在机床数控技术中，需要对数控机床进行控制，并考虑输入和输出之间的动态关系。通过研究机床的运动规律以及控制方法，可以实现对机床的控制，并确保其运动符合需要。再如机器人控制、生产线控制等，在这些问题中，同样需要研究系统与输入、输出之间的动态关系，以便实现对机械设备的有效控制。机械工程控制论通过研究系统与输入、输出之间的动态关系，可以实现对机械设备的控制，并确保它们能够按照预期的方式运行。这不仅对于提高生产效率、降低成本具

有重要意义，同时也为机械工程领域的发展注入了新的活力。

就系统及其输入、输出三者之间的动态关系而言，机械工程控制论所研究的问题大致可归纳为如下三大类：

1）当系统已定、输入（或激励）已知时，求出系统的输出（或响应），并通过输出来研究系统本身的有关问题，即系统分析问题。

2）当系统已定、输出已知时，确定输入，即系统的控制问题。

3）当输入与输出均已知时，求出系统的结构与参数，建立系统的数学模型，即系统识别或称系统辨识问题或系统的设计问题。

根据自动控制理论的内容和发展的不同阶段，可以将控制理论分为经典控制理论和现代控制理论两大部分。经典控制理论是基于传递函数来分析单输入单输出（SISO）系统的稳定性和性能的理论，主要使用时域分析法、根轨迹法和频域分析法等工具。经典控制理论的一个典型应用案例是比例积分微分（PID）控制器，它是一种基于比例、积分、微分3个参数的反馈控制器，可以用来调节系统的输出与期望值之间的偏差。PID控制器广泛应用于工业过程控制、机器人运动控制、温度调节等领域。现代控制理论是基于状态空间方程来分析多输入多输出（MIMO）系统的稳定性和性能的理论，主要使用线性系统理论、最优控制、最优状态估计、自适应控制、鲁棒控制等工具。现代控制理论的一个应用案例是防抱死制动系统（ABS），它是一种基于状态空间方程和最优状态估计的自适应控制系统，可以根据车轮转速和路面情况自动调节制动力度，防止车轮抱死，提高行车安全性。ABS在汽车、飞机等交通工具中都有使用。经典控制理论和现代控制理论都是为了实现对系统的有效控制而发展起来的，它们有着共同的目标和要求，但也有着不同的侧重点和适用范围。经典控制理论更适用于线性、定常、低阶的SISO系统，而现代控制理论更适用于非线性、时变、高阶的MIMO系统。经典控制理论和现代控制理论在解决实际问题时有各自的优势和局限，需要根据不同的场景和需求选择合适的方法。

1.2　测试技术

测试技术是一种通过测量、检验、分析等手段，对被测对象的性能、状态、质量等进行评价的技术。从广义上来说，测试技术包括测试过程中所涉及的测试理论、测试方法、测试设备等，它涉及物理学、数学、电子学、计算机科学等多个学科领域，具有跨学科和综合性的特点。随着科学技术的进步和社会需求的变化，测试技术也不断创新和完善，形成了多种类型和层次的测试方法和系统。

在工农业生产中，测试技术可以提高产品质量和效率，降低成本和风险。例如，在机械制造中，对零部件进行尺寸、形状、表面粗糙度等参数进行精密测量，可以保证零部件之间的配合性和可靠性；在农业生产中，对土壤、水质、气候等因素进行实时监测，可以优化种植条件和施肥灌溉方案。

在科学研究中，测试技术可以揭示自然现象和规律，推动科学发现和创新。例如，在物理实验中，对原子核、基本粒子等微观结构进行高能碰撞和探测，可以验证或提出新的物理理论；在天文观测中，对遥远星系和黑洞等宇宙对象进行光谱分析和引力波探测，可以探索宇宙起源和演化。

在国防建设中，测试技术可以增强国家安全和军事实力，保障国家利益。例如，在导弹武器系统中，对导弹发射器、制导头、弹头等部件进行严格检验和试验，可以确保导弹武器系统的战斗力；在雷达系统中，对雷达信号源、天线阵列、接收机等部件进行频率响应和干扰抑制等性能评估，可以提高雷达系统的探测能力。

在交通运输中，测试技术可以提高交通安全性和便捷性。例如，在汽车行驶过程中，对汽车的速度、油耗、排放等参数进行实时监测和调节，可以提高汽车的行驶效率和环保性；在航空运输中，对飞机的飞行姿态、气压、温度等参数进行精确测量和控制，可以保证飞机的飞行安全和乘坐的舒适性。

在医疗卫生中，测试技术可以提高医疗质量和效果，保障人民健康。例如，在医学诊断中，对人体的血液、尿液、细胞等样本进行化学分析和生物检测，可以发现疾病的原因和症状；在医学治疗中，对药物的成分、剂量、作用机理等进行药效评价和临床试验，可以开发出更有效和安全的药物。

在环境保护中，测试技术可以提高环境质量和可持续性。例如，在大气污染防治中，对空气中的颗粒物、二氧化硫、臭氧等污染物进行在线监测和预警，可以及时采取减排措施；在水资源管理中，对水源地、水厂、管网等环节进行水质检测和处理，可以保证供水安全。

在日常生活中，测试技术可以提高生活品质和幸福感。例如，在家电产品中，对家电产品的功率、温度、噪声等性能指标进行测试和优化，可以提高家电产品的节能性和舒适性；在网络服务中，对网络的带宽、延迟、安全等参数进行测试和调整，可以提高网络服务的速度和稳定性。

在机械工程领域，测试技术有着广泛的应用与作用，主要体现在以下几个方面：

测试技术是工业自动化的重要组成部分，它在自动控制系统中起着感知和反馈的作用，可以实现对生产过程的监控和调节。

测试技术是设备运行状态监控的有效手段，它可以对设备的振动、温度、压力等物理量进行检测，及时发现故障并采取预防措施，保证设备安全可靠地运行。

测试技术是质量保证和零废品制造的关键环节，它可以对零部件和整机进行精密测试和分析，提高产品质量和性能，满足客户需求。

测试技术是高新领域创新发展的重要支撑，它可以对航天、机械、电子等领域中复杂系统进行智能检测和诊断，提高系统效率和可靠性。

完成测试任务的传感器、仪器和设备总称为测试系统。在机械工程实际中，常有两类测试系统，即状态检测中的测试系统和自动控制中的测试系统。

1. 状态检测中的测试系统

状态检测中的测试系统是指利用传感器、仪器和软件对设备或系统的运行状态进行实时或定期的监测、分析和评价，以发现故障、预防事故或提高效率。例如，在机器学习中，可以对机器上的每个传感器测量值进行异常检测和状态监测，以判断机器是否运行正常；在机器视觉中，可以对图像或视频进行处理和分析，以实现对加工对象的识别、缺陷检测等功能。

状态检测中的测试系统的基本组成可用图 1-2-1 表示，一般来说，测试系统包括传感器、信号调理、信号处理、显示与记录等 4 个典型环节。

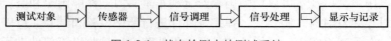

图 1-2-1 状态检测中的测试系统

传感器是指将被测物理量或化学量转换为电信号的装置，如温度、压力、流量、位移等。传感器的选择和安装对测试结果的准确性和可靠性有很大影响。

信号调理是指将传感器输出的电信号进行转换和放大，以适应后续环节的要求，如滤波、隔离、线性化等。信号调理的目的是提高信噪比和抗干扰能力，保证信号质量。

信号处理是指对来自信号调理环节的电信号进行各种处理和分析，如采样、数字化、运算、变换等。信号处理的目的是提取有用信息，消除无关信息，实现数据压缩和特征提取。

显示与记录是指将经过信号处理后得到的数据或图像显示或存储起来，以便观察或回放。显示与记录的方式有多种，如数显表、示波器、打印机、存储卡等。

2. 自动控制中的测试系统

自动控制中的测试系统是指利用计算机、微处理器或其他控制装置对被控对象或系统的输入输出关系进行建模、仿真和优化，以实现预期的控制目标。例如，在自动驾驶汽车中，可以使用编程语言来设计和验证控制算法，以实现车辆的稳定性、安全性和舒适性；在自动控制理论中，可以使用各类数学工具来解决动态系统的输出和输入的关系，并采用不同的控制方法如自适应控制、鲁棒控制、预测控制等来处理不确定性和多变量问题；在智能控制中，可以使用人工智能技术如神经网络、模糊逻辑、遗传算法等来模拟人类的思维方式和处理问题的技巧，并解决那些需要人类智能才能解决的复杂的控制问题。

与状态检测中的测试系统相比，自动控制系统一般是闭环的，执行单元是该系统的必要组成环节，作为对感知量的反馈，控制驱动可以通过控制执行单元实现对目标的精准控制，如图 1-2-2 所示。

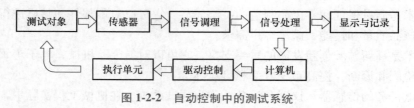

图 1-2-2 自动控制中的测试系统

1.3 自动控制系统

反馈是机械工程控制论中一个最基本、最重要的概念，是工程系统的动态模型或许多动态系统的一大特点。一个系统的输出，部分或全部地被反过来用于控制系统的输入，称为系统的反馈。系统之所以有动态历程，系统及其输入、输出之间之所以有动态关系，就是由于系统本身有着信息的反馈。

按照有无反馈测量装置分类，控制系统分为两种基本形式，即开环系统和闭环系统，如图 1-3-1 所示。

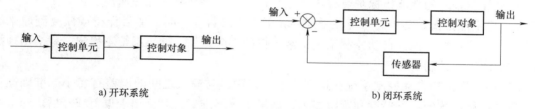

a) 开环系统   b) 闭环系统

图 1-3-1 控制系统基本类型

开环系统（图 1-3-1a）是没有输出反馈的一类控制系统，是一种输入不依赖于输出的控制方式，即输入量确定后，输出量就固定了，不受反馈信息的影响。开环系统的优点是结构简单、成本低、响应快；缺点是控制精度低、不能自动补偿干扰和误差。

闭环系统（图 1-3-1b）是指输出会反馈给输入端从而影响输入的控制方式，即输出量与输入量之间形成一个闭合回路。闭环系统的优点是控制精度高，能自动补偿干扰和误差；缺点是结构复杂、成本高，可能产生振荡或不稳定。在工业与国防等要求较高的应用领域，绝大多数控制系统的基本结构方案都是采用闭环控制系统。

自动控制是相对人工控制概念而言的，指在没有人直接参与的情况下，利用外加的设备或装置（称为控制装置或控制器），使机器、设备或生产过程（统称为被控对象）的某个工作状态或参数（即被控制量）自动地按照预定的规律运行，如图 1-3-2 所示。自动控制系统是由互相关联的部件按一定的次序构成的结构，能够提供预期的输出。自动控制系统通常包括控制器、被控对象、被控制量、参考输入、干扰、误差、反馈等基本要素。

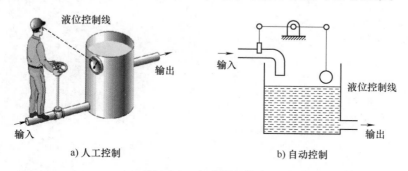

a) 人工控制   b) 自动控制

图 1-3-2 自动控制技术

自动控制技术在机械领域都有广泛的应用，例如在汽车零部件加工中，数控机床可以根据预设的程序对零部件进行切削、钻孔、铣削等操作，利用可编程控制器（PLC）可以对数控机床的运行状态进行监测和调节，保证产品质量和生产安全。在金属板材加工中，数控折弯机可以根据输入的参数对板材进行精确的折弯，变频器可以对数控折弯机的速度和力度进行调节，提高折弯效率和准确性。在焊接作业中，工业机器人可以根据不同的焊接任务选择合适的焊接方法和路径，伺服系统可以对工业机器人的运动速度和位置进行精确的控制，保证焊缝质量和美观。在注塑成型中，温度控制器可以根据不同的塑料材料和模具设定合适的温度，压力传感器可以根据不同的成型工艺设定合适的压力，保证注塑成品的尺寸、形状和性能。在机床润滑系统中，流量计可以检测润滑油的流量，并将数据发送给阀门，阀门可以根据流量数据自动调节润滑油的供给量，保证机床各部件得到充分而均匀的润滑。

自动控制系统的性能指标主要有 3 个方面：稳定性、准确性和快速性。

1）稳定性是指自动控制系统在受到外界干扰或参数变化时，能否保持或恢复到原来的平衡状态。稳定性是保证自动控制系统正常工作的必要条件，如果系统不稳定，就会出现振荡、发散或失去控制。

2）准确性是指自动控制系统在达到稳态后，输出与输入之间的误差有多小。准确性反映了自动控制系统的稳态精度和跟踪能力，如果系统不准确，就会出现偏差或滞后。

3）快速性是指自动控制系统从一个状态转换到另一个状态所需要的时间有多短。快速性反映了自动控制系统的暂态品质和响应速度，如果系统不快速，就会出现延迟或振荡。

这 3 个方面相互影响，一般来说，提高一个方面可能会降低另一个方面。因此，在设计自动控制系统时，需要根据具体的应用场景和要求进行权衡和优化。

由于受控对象的具体情况不同，各种系统对稳、准、快的要求各有侧重。例如，随动系统对快速性要求较高，而调速系统对稳定性提出了较严格的要求。

第2章

信号的表示与分析

信号是信息的重要载体，对信号进行测试与分析，是进行设备故障诊断以及控制的前提。本章将帮助读者掌握信号的表示和分类方法，以及信号的时域和频域分析技术，并介绍数字信号分析的基础技术，包括采样定理、数字信号的预处理方法以及快速傅里叶变换等相关内容。这些基础技术是深入研究信号处理领域及其应用的必要前置条件。本章提供了丰富的 MATLAB 程序代码，使得读者可以通过实践快速掌握相关知识，加深对于信号时域分析的了解。

本章旨在帮助读者构建信号分析基础知识框架，并且通过实践学习，进一步提高数据处理和分析的能力。

2.1　信号的表示与分类

信号是信息的载体，对于机械类信号，利用其包含的丰富信息可以获得机械设备的属性或所处的状态。例如，利用锤击获得的信号可以反映零部件或设备整体的固有频率；通过分析旋转机械的振动信号，可以提取转子的不平衡振动信息以及轴承的振动信息。

为了方便人们观察信号与分析信号，通常可以采用以时间为变量的时间域、频率为变量的频率域以及综合考虑时间与频率变量的时频域的描述方式对信号进行表示。

时间域：描述信号幅值随时间的变化，如波形 $x(t)$，自变量为 t。

频率域：描述信号幅值及相位随频率的变化，如波形 $X(\omega)$，自变量为 ω 或者 f。

时频域：描述信号随时间和频率的变化，自变量为 t 和 f，信号的频谱不是恒定的，而是随时间变化的。

描述方法的不同，只是对同一个信号的观察角度发生了改变，并不改变同一信号的实质。因此在一种描述方式中某些不好处理的地方，采用另一种描述方式就可以更易于处理，信号的描述可以在不同的分析域之间相互转换。采用傅里叶变换可将时域信号与频域信号相互转换，如图 2-1-1 所示。

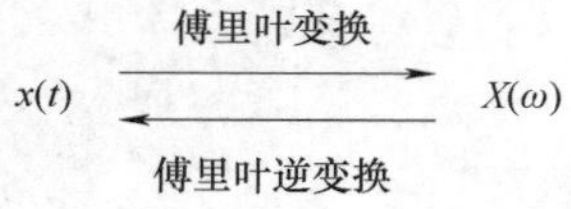

在控制过程中，采集的信号往往不能直接使用，而需要对信号进行某种加工和变换，目的是消除信号中混杂的噪声和干扰，将信号变换成容易分析与识别的形式，以便于估计和选择它的特征参量，这就是控制过程中的信号的处理。

$$x(t) \xrightarrow[\text{傅里叶逆变换}]{\text{傅里叶变换}} X(\omega)$$

图 2-1-1　时间域与频率域的转换关系

根据测试信号随时间的变化特点，通常可划分为确定性信号与非确定性信号两大类。

1. 确定性信号

确定性信号指的是可以用明确的数学关系式描述的信号。这类信号可以表示为确定的时间函数，利用函数可以获得其任何时刻的量值。确定性信号可以分为周期信号和非周期信号。

（1）周期信号　周期信号指瞬时幅值随时间 t 重复变化的信号，如正弦函数所描述的交流电信号。该类信号满足

$$x(t) = x(t+kT) \tag{2-1-1}$$

式中，T 为最小正周期；k 为整数，即 $k=0$，± 1，± 2，$\cdots$。

正弦、余弦等简谐信号和周期性的方波、三角波等非简谐信号都属于周期信号。

（2）非周期信号　不满足式（2-1-1）的确定性信号通常称为非周期信号，这类信号不具有周期性。非周期信号又可以分为准周期信号与瞬变信号。准周期信号是由两个以上的不同频率的简谐信号叠加而成的信号，且至少存在一对简谐分量的频率比不为有理数，例如

$$x(t) = \sin\pi x + \sin\sqrt{2}\,\pi x \tag{2-1-2}$$

这类信号的简谐分量无公共周期，因此其合成信号不满足周期信号的条件。在机械振动测试中，这类信号较为常见。

若简谐分量的频率比为有理数，那么这个信号为周期信号，例如，与式（2-1-2）形式上相近的信号

$$x(t) = \sin\pi x + \sin 1.5\pi x \tag{2-1-3}$$

这两组信号的对比如图 2-1-2 所示，使用 MATLAB 绘制。

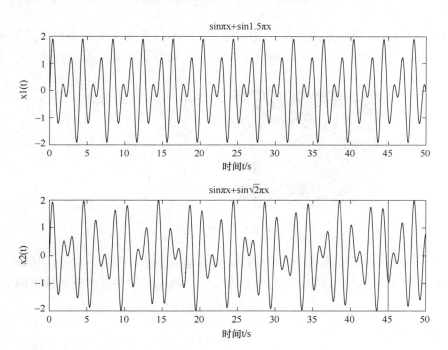

图 2-1-2　周期函数与非周期函数

图 2-1-2 的 MATLAB 绘制代码如下：

```
fs=4096;
t=0:1/fs:50;
x1=sin(pi*t)+sin(1.5*pi*t);
x2=sin(pi*t)+sin(sqrt(2)*pi*t);
x=x1+x2;
```

```
subplot(211)
plot(t,x1);
xlabel('时间 t/s')
ylabel('x1(t)')
%以 Latex 格式在图像上方打印函数公式
title('$ \sin \pi x+\sin1.5 \pi x $','Interpreter','latex','FontSize',12)
grid on

subplot(212)
plot(t,x2);
xlabel('时间 t/s')
ylabel('x2(t)')
title('$ \sin \pi x+\sin \sqrt{2} \pi x $','Interpreter','latex','FontSize',12)
grid on
```

瞬变信号是指在一定时间内存在，或随着时间的增长而衰减至零的信号，如冲击信号，各种波形（矩形、三角形、梯形）的单个脉冲信号、指数衰减信号等，如图 2-1-3 所示。

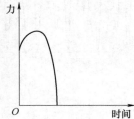

图 2-1-3　瞬变信号

需要指出的是，在机械测试中，严格的确定性信号是不存在的，在有些场合，我们往往更加关注其信号的整体运行趋势，从这个角度来说，能用数学关系式近似描述的信号也可以归为确定性信号。

2. 非确定性信号

与确定性信号相对应的是非确定性信号，也称为随机信号，指不能用明确的数学关系式描述的信号。在工程测试中，非确定性信号非常常见，如零件的加工尺寸、设备运行时的振动、环境的噪声信号等。由于这类信号无法用数学关系式准确描述，这也意味其未来任何时刻的准确值是无法获得的，但可以用统计的方法对信号的大致运行规律进行预测，如平均值、方均根值、概率密度函数等。这也是目前机械测试与控制相关领域的一个重要研究方向。非确定性信号的两种基本类型为平稳随机信号和非平稳随机信号，如图 2-1-4 所示，使用 MATLAB 绘制。平稳随机信号的统计特性不随时间变化，因此其统计特性可以通过有限的时间观测来确定。平稳随机信号的典型例子是高斯白噪声。

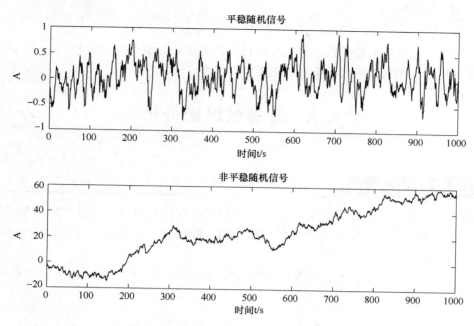

图 2-1-4　平稳随机信号与非平稳随机信号

非平稳随机信号的统计特性随时间变化，因此其统计特性需要通过时间变化来确定。非平稳随机信号的统计特性包括均值、方差、自相关函数和功率谱密度等。非平稳随机信号的功率谱密度是一个随时间变化的函数，因此其频谱特性随时间变化。一个简单的例子是，$f(t)=t$ 这个确定信号叠加白噪声，就是非平稳随机信号。非平稳随机信号的分布参数或者分布规律随时间发生变化，因此其统计特性需要通过时间变化来确定。

图 2-1-4 的 MATLAB 绘制代码如下：

```
N = 1000;
x = randn(N, 1); %生成高斯白噪声

%利用滑动平均生成平稳随机信号
y1 = filter(ones(1, 10)/10, 1, x);

%将随机信号进行积分,得到非平稳随机信号
y2 = cumsum(x);

subplot(211)
plot(y1);
title('平稳随机信号');
xlabel('时间 t/s'); ylabel('A');grid on
subplot(212)
plot(y2);
```

```
title('非平稳随机信号');
xlabel('时间 t/s');ylabel('A');grid on
```

平稳随机信号和非平稳随机信号的统计特性和频谱特性有很大的不同。在实际应用中，需要根据具体的应用场景来选择合适的随机信号模型。

2.2 信号的时域分析

2.2.1 时域特征参数

对振动信号 $x(t)$ 的时域分析是对信号（包括确定性信号与随机信号）的时域特征参数进行计算，包括计算时间间隔为 T 的信号的峰值、峰峰值、平均值、方均根值、方差、均方差等特征参数。

（1）峰值 x_p 与峰峰值 x_{p-p} 峰值指的是信号在时间间隔 T 内的最大值，常用 x_p 表示，即

$$x_p = \max\{x(t)\}$$

峰峰值是信号在时间间隔 T 内信号最高值和最低值之间的差值，常用 x_{p-p} 表示，即

$$x_{p-p} = \max\{x(t)\} - \min\{x(t)\}$$

信号的峰值与峰峰值描述了信号值的变化范围（图 2-2-1），由于其计算的简便性，是最常用的时域特征参数之一。在测试环节的搭建中，需要满足测试信号的峰峰值不能超过测试系统允许输入的上、下限，否则将无法获取正确的信号。在运行设备的振动监测中，测试信号的峰值不能超过设备的振动允许值上限，一旦超出预警值，需要立即停机排除故障，以免造成更大的损失。

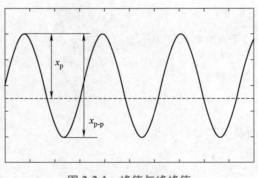

图 2-2-1 峰值与峰峰值

```
%以正弦信号为例,进行峰值和峰峰值求解的 MATLAB 代码
t = 0:0.01:5*pi; x = sin(t);
plot(t,x);

%求解信号的峰值和峰峰值
```

```
peak = max(x);
peak_to_peak = max(x) - min(x);

%显示结果
disp(['峰值为:', num2str(peak)]);
disp(['峰峰值为:', num2str(peak_to_peak)]);
```

（2）平均值 μ_x　平均值表示信号在时间间隔 T 内的数学期望值。对于连续信号 $x(t)$，其平均值可以表示为

$$\mu_x = E[x(t)] = \lim_{T \to \infty} \frac{1}{T} \int_0^T x(t)\,\mathrm{d}t$$

对于离散信号，其平均值可以表示为

$$\mu_x = \frac{1}{n} \sum_{i=1}^{n} x_i$$

信号的平均值描述了信号幅值变化的中心趋势，也称之为固定分量或直流分量，即不随时间变化的分量，是描述信号整体趋势时常用的时域特征参数。

```
%以正弦信号为例,进行平均值求解的 MATLAB 代码
t = 0:0.01:5*pi; x = sin(t);
plot(t,x);

%求解信号的平均值
mean = sum(x)/length(x);

%显示结果
disp(['平均值为', num2str(mean)]);
```

（3）方差 σ_x^2 与均方差 σ_x　方差反映了信号在时间间隔 T 内绕均值的波动程度。对于连续信号 $x(t)$，其表达形式为

$$\sigma_x^2 = E[\{x(t) - E[x(t)]\}^2] = \lim_{T \to \infty} \frac{1}{T} \int_0^T [x(t) - \mu_x]^2 \mathrm{d}t$$

对于离散信号，其可以表示为

$$\sigma_x^2 = \frac{1}{n-1} \sum_{i=1}^{n} (x_i - \bar{x})^2$$

方差 σ_x^2 描述了测试信号在均值周围的分散程度，是衡量测量值的稳定程度的重要参数，如图 2-2-2 所示（使用 MATLAB 绘制），方差越小，数据分散越大，反之，数据分散越小。

均方差（也常称标准差）指的是方差的算术平方根，常用 σ_x 表示。由于方差是数据的二次方，与检测值本身相差太大，人们难以直观地衡量，所以常用方差的平方根即均方差换算。

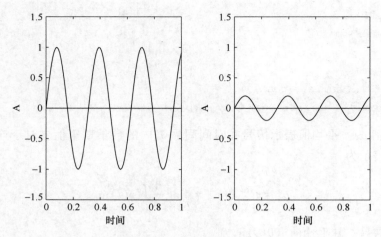

图 2-2-2　大方差与小方差

```
%以正弦信号为例,进行方差和均方差求解的 MATLAB 代码
t = 0:0.01:5 * pi; x = sin(t);
plot(t,x);


%求解信号的方差和均方差
variance = var(x);
standard_deviation = std(x);


%显示结果
disp(['方差为', num2str(variance)]);
disp(['均方差为', num2str(standard_deviation)]);
```

（4）均方值 φ_x^2 与方均根值 φ_x　　均方值反映了信号在时间间隔 T 内的强度、平均功率。对于连续信号 $x(t)$，其表达形式为

$$\varphi_x^2 = \frac{1}{T}\int_0^T x^2(t)\,\mathrm{d}t$$

对于离散信号，其可以表示为

$$\varphi_x^2 = \frac{1}{n}\sum_{i=1}^n x_i^2$$

在实际工程应用中，常用的是其算术平方根 φ_x，称为方均根值（也常常称为有效值），该值反映了振动的能量大小。对于正弦信号，峰值为有效值的 $\sqrt{2}$ 倍，如我国民用交流电电压 220V 指的就是交流电的电压信号的有效值，而不是峰值，它反映了交流电在一个周期内所做的功与 220V 直流电所做的功等效。方均根值适用于磨损类振动幅值随时间缓慢变化的故障诊断，由于有效值是对时间的平均，所以对具有表面裂纹无规则振动波形的异常较敏感，可对其测量值做出恰当的评价。

```
%以正弦信号为例,进行均方值和方均根值求解的 MATLAB 代码
t = 0:0.01:5 * pi; x = sin(t);
```

```
plot(t,x);

%求解信号的均方值和方均根值
mean_square = mean(x.^2);
root_mean_square = rms(x);

%显示结果
disp(['均方值为',num2str(mean_square)]);
disp(['方均根值为',num2str(root_mean_square)]);
```

很容易证明

$$\varphi_x^2 = \mu_x^2 + \sigma_x^2 \tag{2-2-1}$$

由此可以看出，对于一个动态信号，其信号的强度由两部分组成：静态量和波动量。式 (2-2-1) 中，φ_x^2 为信号的总强度；μ_x^2 为信号的静态强度；σ_x^2 为信号的动态强度。

在信号时域分析中，还可以在上述时域信号特征参数计算的基础上绘制出信号演化的时域波形特征趋势图，即通过分析信号时域特征随时间的趋势变化，实现对非平稳随机信号定性的诊断。

2.2.2　时域信号的相关分析

在时域信号的分析中，有时需要对两个以上信号的相互关系进行研究，如在通信系统、雷达系统，甚至控制系统中，发出端的信号波形是已知的，在接收端信号中，我们必须判断是否存在由发送端发出的信号，但是困难在于接收端信号中即使包含了发送端发送的信号，也往往因各种干扰产生畸变。一个很自然的想法是用已知的发送波形与畸变了的接收波形相比较，利用它们的相似或相异性做出判断，这就需要解决信号之间的相似性或相异性的度量问题。

相关分析是研究信号之间是否存在某种依存关系，并对具体有依存关系的现象探讨其相关方向以及相关程度，是研究随机变量之间的相关关系的一种统计方法。信号的相关分析包括互相关分析与自相关分析两种，分别用于描述两个信号 $x(t)$ 与 $y(t)$ 或一个信号在一定时移前后 $x(t)$ 与 $x(t+\tau)$ 之间的关系。

1. 自相关分析

信号 $x(t)$ 的自相关函数可以表示为

$$R_x(\tau) = \frac{1}{T}\int_0^T x(t)x(t-\tau)$$

自相关函数（图 2-2-3）具有以下性质：

1）自相关函数是时间位移 τ 的函数。

2）当 $\tau = 0$ 时，自相关函数具有最大值，且为信号的均方值。

3）自相关函数是关于变量 τ 的偶函数，$R_x(\tau) = R_x(-\tau)$。

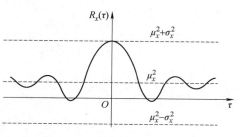

图 2-2-3　信号的自相关函数

4）周期信号的自相关函数仍然是同频率的周期信号，但不保留原信号的相位信息。

5）如果随机信号 $x(t)$ 是由噪声 $n(t)$ 和独立信号 $x_0(t)$ 组成，则 $x(t)$ 的自相关函数是这两部分各自自相关函数之和。

6）随机信号的自相关函数当 $\tau \to \infty$ 时，收敛到均值的二次方。

自相关函数可以用来判断信号性质、检测混于噪声中的周期信号。图 2-2-4 给出了混杂噪声的周期振动信号 $x(t)$ 及其自相关函数 $R_x(\tau)$，可见，振动信号 $x(t)$ 比较杂乱，难以发现其中的周期成分，但从自相关函数 $R_x(\tau)$ 可以明显地看出其周期成分，利用该周期成分可以进一步确定振动的来源。

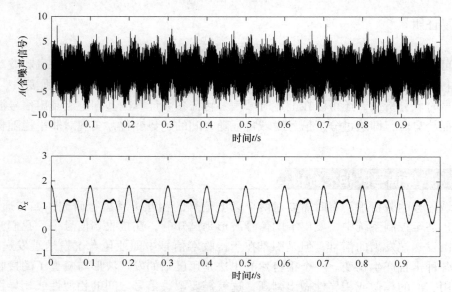

图 2-2-4　利用自相关函数提取信号的周期信号

%图 2-2-4 所示的自相关函数用来判断信号性质、检测混于噪声中的周期信号的 MATLAB 示例代码

```
%生成一个周期和噪声信号
fs=44100;
t=0:1/fs:2;
x=sin(2*pi*20*t)+0.8*sin(2*pi*30*t)+2*(randn(1,length(t))-0.5);

figure(1)
%绘制原噪声信号
subplot(2,1,1)
plot(t,x);
xlim([0 1])
grid on

%绘制自相关后的信号
```

```
subplot(2,1,2)
[a,b]=xcorr(x,'unbiased');
plot(b*1/fs,a)
xlim([0 1])
grid on
```

2. 互相关分析

信号 $x(t)$ 与 $y(t)$ 的互相关函数可以表示为

$$R_{xy}(\tau) = \frac{1}{T} \int_0^T x(t) y(t - \tau)$$

它反映了信号 $x(t)$ 与 $y(t)$ 的相互依存程度。互相关函数具有以下性质：
1）互相关函数是时间位移 τ 的函数。
2）互相关函数峰值表示在此时间位移处二者有较强的相关性，对应时间为信号的滞后时间。
3）互相关函数不是偶函数，也不是奇函数，而满足 $R_{xy}(\tau) = R_{yx}(-\tau)$。
4）两个非同频率的周期信号相关函数为零，即不相关。
5）两个同频率周期信号的互相关函数仍然是同频率的周期信号，延时为零。
互相关函数主要用于检测和识别存在于噪声中的两信号的关联信息。图 2-2-5 生成了两组时间差为 2s 的信号，该图表明将信号 x 沿横坐标移动 2s，两组信号的相关性最大。而图 2-2-6 所示的互相关分析结果表明两组信号的互相关最大值在 2s 处，符合信号的特点。

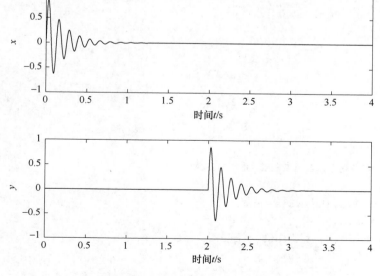

图 2-2-5　生成的两组信号（时间相差 2s）

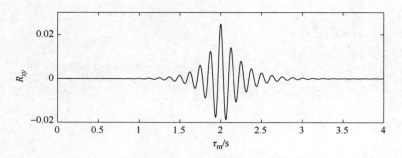

图 2-2-6　互相关分析结果

```
%图 2-2-5 与图 2-2-6 所示的互相关应用的 MATLAB 示例代码

clear;clc
fs=1024;
t=0.001:1/fs:2;
x0=t*0;
xx=sin(50*t).*exp(-5*t);
%利用 x0 与 xx 组建两段信号,信号 x2 相对于信号 x1 延迟 2s
x1=[xx x0];
x2=[x0 xx];
tt=[t t+t(end)+1/fs];

%绘制信号 x1 与信号 x2
figure(1)
subplot(211)
plot(tt,x1)
xlabel('时间/s');
ylabel('x');
grid on
subplot(212)
plot(tt,x2)
xlabel('时间/s');
ylabel('y');
grid on

%计算信号 x1 与信号 x2 的互相关,并绘制图像
figure(2)
[a,b]=xcorr(x2,x1,'unbiased');
plot(b*1/fs,a)
xlabel('$ \tau _{m} $','Interpreter','latex');
ylabel('Rxy');
grid on
xlim([0,4])
```

互相关分析在测试领域的应用十分广泛，例如利用互相关分析检测信号回声。若在宽带信号中存在着带时间延迟 τ_0 的回声，那么该信号的自相关函数将在 $\tau = \tau_0$ 处也达到峰值（另一峰值在 $\tau = 0$ 处），这样可根据 τ_0 确定反射体的位置。互相关分析还可应用在诸如回声测距系统、相关测速、信号传递通道的确定、相关滤波等工程测试中。

【例 2-2-1】　在输油管路上，常常安装有监测装置用以监测管道的裂损或泄漏，并确定损伤位置，如图 2-2-7 所示，两个距离 2km 的声音检测传感器布置在漏损处两侧，对其信号进行相关分析获得峰值对应的值为 $\tau_m = 0.12s$，已知声音在管路中的传播速度为 5200m/s，求漏损处到中心线处的距离 S。

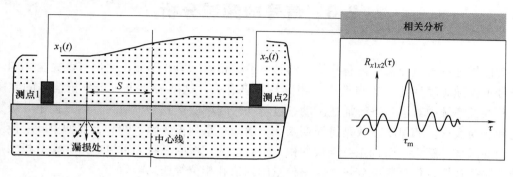

图 2-2-7　例 2-2-1 图

解： 由图 2-2-7 及互相关性质可知峰值时间位移处二者有较强的相关性，对应时间 τ_m 为漏损处声音传递到两个测点的时差。漏损处到中心线处的距离为

$$S = \frac{1}{2}v\tau_m = \frac{1}{2} \times 5200\text{m/s} \times 0.12\text{s} = 312\text{m}$$

【例 2-2-2】　图 2-2-8 所示为利用磁电式传感器进行转矩测量，转子转动前，两个传感器同时对准两个齿轮的轮齿顶部。若转子转速为 600r/min，对 1、2 两个传感器采集的信号进行相关分析获得峰值对应的 $\tau_m = 0.1\text{ms}$，此时两个齿形圆盘间的扭转变形是多少？若两个齿形圆盘间的扭转刚度为 $6 \times 10^4 \text{N·m/rad}$，试计算转轴的转矩。

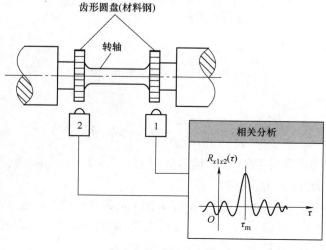

图 2-2-8　例 2-2-2 图

解： τ_m 为两个传感器分别与齿轮齿顶相对时刻的时差，因此有齿轮盘转速为

$$\dot{\theta} = 600\text{r/min} = 10\text{r/s} = 3600°/\text{s}$$

此时两个齿形圆盘间的扭转变形为

$$\theta = 3600°/\text{s} \times 0.1 \times 10^{-3}\text{s} = 0.36°$$

转轴的转矩为

$$T = k\theta = 6 \times 10^4\text{N} \cdot \text{m/rad} \times (0.36/180)\text{rad} = 120\text{N} \cdot \text{m}$$

2.3　信号的频域分析

对信号进行时域分析时，有些信号的时域参数相同，但并不能说明信号就完全相同。因为信号不仅随时间变化，还与频率、相位等信息有关，这就需要进一步分析信号的频率结构，并在频率域中对信号进行描述。动态信号从时间域变换到频率域主要通过傅里叶级数和傅里叶变换实现。傅里叶级数是将周期函数分解为一系列正弦函数的和，而傅里叶变换则是将非周期函数分解为一系列正弦函数的积分形式。在频域中，我们可以通过频谱分析来描述信号的频率特性，包括频率分量、频率分量的幅值和相位等信息。

2.3.1　周期信号的频谱分析

1. 三角函数展开式

对于满足狄利克雷条件，即在区间 $(-T/2, T/2)$ 连续或只有有限个第一类间断点，且只有有限个极值点的周期信号，均可展开为

$$x(t) = a_0 + \sum_{n=1}^{\infty}(a_n\cos n\omega_0 t + b_n\sin n\omega_0 t) \tag{2-3-1}$$

式中，常值分量

$$a_0 = \frac{1}{T_0}\int_{-T_0/2}^{T_0/2}x(t)\,\mathrm{d}t \tag{2-3-2}$$

余弦分量的幅值

$$a_n = \frac{2}{T_0}\int_{-T_0/2}^{T_0/2}x(t)\cos n\omega_0 t\mathrm{d}t \tag{2-3-3}$$

正弦分量的幅值

$$b_n = \frac{2}{T_0}\int_{-T_0/2}^{T_0/2}x(t)\sin n\omega_0 t\mathrm{d}t \tag{2-3-4}$$

式中，a_0、a_n、b_n 为傅里叶系数；T_0 为信号的周期，$T_0 = 2\pi/\omega_0$；ω_0 为信号的基频，用角频率表示；$n\omega_0$ 为 n 次谐波；n 为正整数。

由式（2-3-3）和式（2-3-4）可知，a_n 是 n 或 $n\omega_0$ 的偶函数；b_n 是 n 或 $n\omega_0$ 的奇函数。

应用三角函数变换，可将式（2-3-1）正、余弦函数的同频率项合并、整理，得到信号 $x(t)$ 另一种形式的傅里叶级数表达式为

$$x(t) = A_0 + \sum_{n=1}^{\infty} A_n \sin(n\omega_0 t + \varphi_n) \qquad (2\text{-}3\text{-}5)$$

式中，常值分量为

$$A_0 = a_0 = \frac{1}{T_0} \int_{-T_0/2}^{T_0/2} x(t)\,\mathrm{d}t$$

各谐波分量频率成分的幅值为

$$A_n = \sqrt{a_n^2 + b_n^2} \qquad (2\text{-}3\text{-}6)$$

各谐波分量频率成分的初相为

$$\varphi_n = \arctan\left(\frac{a_n}{b_n}\right) \qquad (2\text{-}3\text{-}7)$$

以 ω 为横坐标，以 A_n 和 φ_n 为纵坐标所绘出的图称为频谱图。A_n-ω 图称为幅值谱图，φ_n-ω 图称为相位谱图。

从式（2-3-1）和式（2-3-5）可知，周期信号可分解成众多具有不同频率的正弦、余弦（即谐波）分量。式中第一项 A_0 为周期信号中的常值或直流分量，从第二项依次向下分别称为信号的基波或一次谐波、二次谐波、三次谐波、…、n 次谐波，即当 $n=1$ 时的谐波称为基波，n 次倍频成分 $A_n \sin(n\omega_0 t + \varphi_n)$ 称为 n 次谐波。

由于 n 是整数序列，相邻频率的间隔为 $\Delta\omega = \omega_0 = 2\pi/T_0$，即各频率成分都是 ω_0 的整数倍，因此谱线是离散的。频谱中的每一根谱线对应其中一个谐波，频谱比较形象地反映了周期信号的频率结构及其特征。

【例 2-3-1】　求周期方波（图 2-3-1a）的频谱，并做出频谱图。

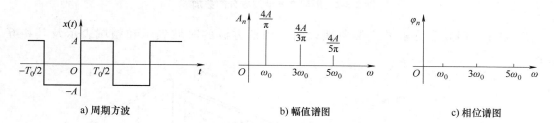

a) 周期方波　　　　　　　　b) 幅值谱图　　　　　　　　c) 相位谱图

图 2-3-1　周期方波的频谱图

解：周期方波 $x(t)$ 在一个周期内表达式为

$$x(t) = \begin{cases} A & 0 \leqslant t < T_0/2 \\ -A & -T_0/2 \leqslant t < 0 \end{cases}$$

因 $x(t)$ 是奇函数，所以有

$$a_0 = 0$$

$$a_n = 0$$

$$b_n = \frac{2}{T_0} \int_{-T_0/2}^{T_0/2} x(t) \sin n\omega_0 t\,\mathrm{d}t = \frac{4}{T_0} \int_0^{T_0/2} A \sin n\omega_0 t\,\mathrm{d}t$$

$$= -\frac{4A}{T_0} \frac{\cos n\omega_0 t}{n\omega_0} \bigg|_0^{T_0/2}$$

$$= -\frac{2A}{\pi n}(\cos \pi n - 1)$$

$$= \begin{cases} \dfrac{4A}{\pi n} & n=1,3,5,\cdots \\ 0 & n=2,4,6,\cdots \end{cases}$$

于是，有

$$x(t) = \frac{4A}{\pi}\left(\sin\omega_0 t + \frac{1}{3}\sin 3\omega_0 t + \frac{1}{5}\sin 5\omega_0 t + \cdots\right) \tag{2-3-8}$$

$$\varphi_n = \arctan\left(\frac{a_n}{b_n}\right) = \arctan\left(\frac{0}{b_n}\right) = 0$$

幅值谱和相位谱分别如图 2-3-1b、c 所示。幅值谱只包含基波和奇次谐波的频率分量，且谐波幅值以基波幅值的 $1/n$ 衰减；相位谱中各次谐波的相位均为零。

基波波形如图 2-3-2a 所示；若将式（2-3-8）中第 1、3 次谐波叠加，图像如图 2-3-2b 所示；若将第 1、3、5 次谐波叠加，则图像如图 2-3-2c 所示。显然，叠加项越多，叠加后越接近周期方波，当叠加项无穷多时，则叠加成周期方波。

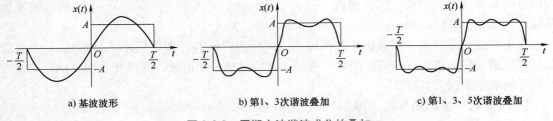

a) 基波波形　　　　　　b) 第1、3次谐波叠加　　　　　　c) 第1、3、5次谐波叠加

图 2-3-2　周期方波谐波成分的叠加

图 2-3-3 采用波形分解方式形象地说明了周期方波的时域表示和频域表示及其相互关系。

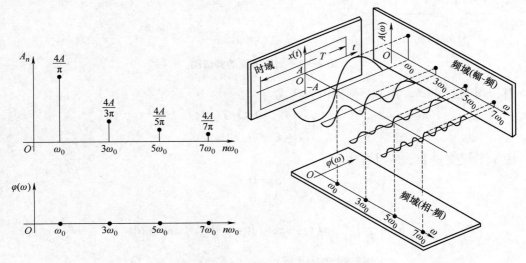

图 2-3-3　周期方波信号的时域和频域表示

利用 MATLAB 符号类计算方法可以编写函数的三角展开求解。

```
%三角展开求解的 MATLAB 示例代码
clear all
clc
syms n x
%计算 f(x)=x^3 在区间 [0,2π] 上的傅里叶系数
f=x^3;
[a0, an, bn]=MF(f)

%以下是 MF.m 函数
function [a0, an, bn]=MF(f)
syms x n
a0=int(f, 0, 2*pi)/pi;
an=int(f*cos(n*x),0,2*pi)/pi;
bn=int(f*sin(n*x),0,2*pi)/pi;
end
```

在工程上进行傅里叶展开时，需要根据具体情况来确定需要保留前几项。一般来说，保留项数越多，展开后的函数越接近原函数。但随着展开项数的增多，计算量也会增加，因此需要平衡展开项数和精度之间的关系。在实际应用中，一般会根据工程要求和实验结果进行折中和调整。

【例 2-3-2】　使用 MATLAB 程序对下面的三角波方波进行三角形展开，保留不同项数分析三角形展开式的拟合效果。

$$x(t)=t-2\pi k, 2\pi k \leqslant t < 2\pi(k+1), k \text{ 为整数}$$

解：利用前述 MATLAB 程序对函数进行展开，分别保留前 2，5，10，20 项，绘制拟合图像如图 2-3-4 所示。

2. 傅里叶级数的复指数展开式

由欧拉公式

$$e^{\pm jn\omega_0 t}=\cos n\omega_0 t \pm j\sin n\omega_0 t$$

因此有

$$\begin{cases} \cos n\omega_0 t = \dfrac{1}{2}\left(e^{-jn\omega_0 t}+e^{jn\omega_0 t}\right) \\ \sin n\omega_0 t = \dfrac{j}{2}\left(e^{-jn\omega_0 t}-e^{jn\omega_0 t}\right) \end{cases} \tag{2-3-9}$$

式（2-3-1）可改写为

$$x(t)=a_0+\sum_{n=1}^{\infty}\left[\frac{1}{2}(a_n+jb_n)e^{-jn\omega_0 t}+\frac{1}{2}(a_n-jb_n)e^{jn\omega_0 t}\right] \tag{2-3-10}$$

令 $c_0=a_0$，$c_n=\dfrac{1}{2}(a_n-jb_n)$，$c_{-n}=\dfrac{1}{2}(a_n+jb_n)$，则有

$$x(t)=c_0+\sum_{n=1}^{\infty}(c_{-n}e^{-jn\omega_0 t}+c_n e^{jn\omega_0 t}) \tag{2-3-11}$$

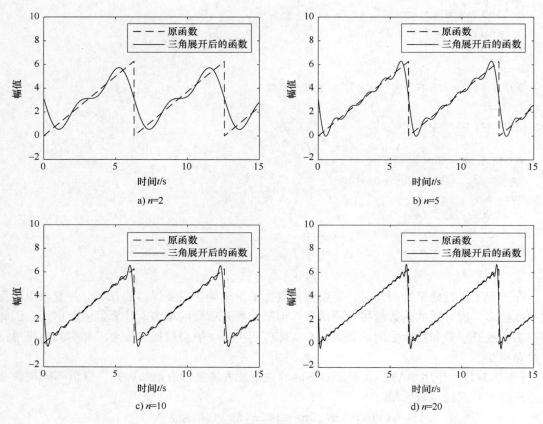

图 2-3-4　保留不同项数下的拟合效果

即

$$x(t) = \sum_{n=-\infty}^{\infty} c_n e^{jn\omega_0 t}, n = 0, \pm 1, \pm 2, \cdots \tag{2-3-12}$$

式中，$c_n = \dfrac{1}{T_0}\displaystyle\int_{-T_0/2}^{T_0/2} x(t) e^{-jn\omega_0 t} dt$。

一般情况下，c_n 是复变函数，可以写成

$$c_n = \operatorname{Re} c_n + j\operatorname{Im} c_n = |c_n| e^{j\varphi_n} \tag{2-3-13}$$

其中，$\operatorname{Re} c_n$、$\operatorname{Im} c_n$ 分别称为实频谱和虚频谱；$|c_n|$、φ_n 分别称为幅值谱和相位谱。它们之间的关系为

$$|c_n| = \sqrt{(\operatorname{Re} c_n)^2 + (\operatorname{Im} c_n)^2} \tag{2-3-14}$$

$$\varphi_n = \arctan \frac{\operatorname{Im} c_n}{\operatorname{Re} c_n} \tag{2-3-15}$$

【例 2-3-3】　对图 2-3-1a 所示周期方波以复指数展开形式求频谱，并作频谱图。

解：

$$c_0 = \frac{1}{T_0}\int_{-T_0/2}^{T_0/2} x(t)\, dt = 0$$

$$c_n = \frac{1}{T_0} \int_{-T_0/2}^{T_0/2} x(t) \mathrm{e}^{-jn\omega_0 t} = \frac{1}{T_0} \int_{-T_0/2}^{T_0/2} x(t)(\cos n\omega_0 t - j\sin n\omega_0 t)\,\mathrm{d}t$$

$$= -j\frac{2}{T_0}\int_0^{T_0/2} A\sin n\omega_0 t\,\mathrm{d}t$$

$$= \begin{cases} -j\dfrac{2A}{\pi n} & n = \pm 1, \pm 3, \pm 5, \cdots \\ 0 & n = \pm 2, \pm 4, \pm 6, \cdots \end{cases}$$

于是，幅值谱为

$$c_n = \begin{cases} \dfrac{2A}{\pi n} & n = \pm 1, \pm 3, \pm 5, \cdots \\ 0 & n = \pm 2, \pm 4, \pm 6, \cdots \end{cases}$$

相位谱为

$$\varphi_n = \arctan\frac{-\dfrac{2A}{\pi n}}{0} = \begin{cases} -\dfrac{\pi}{2} & n>0, n = 1, 3, 5, \cdots \\ \dfrac{\pi}{2} & n<0, n = -1, -3, -5, \cdots \end{cases}$$

幅值谱和相位谱如图 2-3-5 所示。三角函数展开形式的频谱是单边谱（ω 从 0 到 ∞），复指数展开形式的频谱是双边谱（ω 从 $-\infty$ 到 ∞），两种幅值谱的关系为

$$|c_0| = A_0 = a_0, \quad |c_n| = \frac{1}{2}\sqrt{a_n^2 + b_n^2} = \frac{A_n}{2}$$

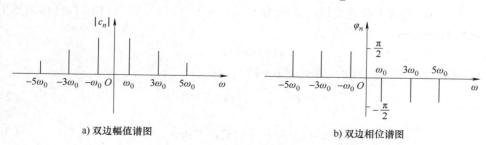

a) 双边幅值谱图　　　　　　　　　　　b) 双边相位谱图

图 2-3-5　周期方波的双边谱

c_n 与 c_{-n} 共轭，即 $c_n = c_{-n}^*$，且 $\varphi_{-n} = -\varphi_n$，双边幅值谱为偶函数，双边相位谱为奇函数。

通过将周期信号展开为基本正弦函数的和的形式，可以获得周期信号的频率成分信息。无论是用三角函数展开式（单边谱）还是用复指数函数展开式（双边谱）求得，周期信号频谱都具有以下特点：

1）周期信号的频谱是离散的，每条谱线表示一个正弦分量的幅值。

2）任何一个周期信号总可以看作是基频及其整数倍频率上正弦波的叠加，因此，周期信号频谱中只包含基频整数倍的频率成分。

3）各频率分量的谱线高度与对应谐波的振幅成正比，谐波信号的振幅一般会随着谐波次数的增加逐渐减小，因此，在进行频谱分析时，通常只需要分析低阶谐波分量，而忽略高阶谐波分量。

2.3.2 非周期信号的频谱分析

周期信号的频谱是离散的，谱线的角频率间隔 $\Delta\omega = \omega_0 = 2\pi/T_0$。当 $T_0 \to \infty$ 时，谱线间隔 $\Delta\omega \to 0$，于是周期信号的离散频谱就变成了非周期信号的连续频谱。

由式（2-3-12），周期信号 $x(t)$ 在区间 $(-T_0/2, T_0/2)$ 的傅里叶级数的复指数形式为

$$x(t) = \sum_{n=-\infty}^{\infty} c_n e^{jn\omega_0 t} = \sum_{n=-\infty}^{\infty} \left[\frac{1}{T_0} \int_{-T_0/2}^{T_0/2} x(t) e^{-jn\omega_0 t} dt \right] e^{jn\omega_0 t} \tag{2-3-16}$$

当周期 $T_0 \to \infty$ 时，频率间隔 $\Delta\omega \to d\omega$，离散频谱中相邻的谱线无限接近，离散变量 $n\omega_0 \to \omega$，求和运算就变成了求积分运算，于是有

$$x(t) = \frac{1}{2\pi} \int_{-\infty}^{\infty} \left[\int_{-\infty}^{\infty} x(t) e^{-j\omega t} dt \right] e^{j\omega t} d\omega \tag{2-3-17}$$

这就是傅里叶积分式，由于方括号内时间 t 是积分变量，所以积分后仅是 ω 的函数，记作 $X(\omega)$，即

$$X(\omega) = \int_{-\infty}^{\infty} x(t) e^{-j\omega t} dt \tag{2-3-18}$$

于是

$$x(t) = \frac{1}{2\pi} \int_{-\infty}^{\infty} X(\omega) e^{j\omega t} d\omega \tag{2-3-19}$$

称式（2-3-18）中的 $X(\omega)$ 为 $x(t)$ 的傅里叶变换，表示为 $F[x(t)] = X(\omega)$；称式（2-3-19）中的 $x(t)$ 为 $X(\omega)$ 的傅里叶逆变换，表示为 $F^{-1}[X(\omega)] = x(t)$。$x(t)$ 和 $X(\omega)$ 称为傅里叶变换（Fourier Transform）对，表示为

$$x(t) \Leftrightarrow X(\omega)$$

把 $\omega = 2\pi f$ 代入式（2-3-18）和式（2-3-19），有

$$X(f) = \int_{-\infty}^{\infty} x(t) e^{-j2\pi ft} dt \tag{2-3-20}$$

$$x(t) = \int_{-\infty}^{\infty} X(f) e^{j2\pi ft} df \tag{2-3-21}$$

一般情况下，$X(f)$ 是实变量 f 的复函数，可以写成

$$X(f) = X_R(f) + jX_I(f) \tag{2-3-22}$$

或

$$X(f) = |X(f)| e^{j\varphi(f)} \tag{2-3-23}$$

式中，$|X(f)|$ 称为幅值谱，简称为频谱；$\varphi(f)$ 为相位谱。它们都是连续的。$|X(f)|$ 的量纲是单位频宽上的幅值，也称作频谱密度或谱密度。而周期信号的幅值谱 $|c_n|$ 是离散的，且量纲与信号幅值的量纲相同，这是瞬变信号与周期信号频谱的主要区别。

需要注意的是，准周期信号的频谱有些特殊，因为它是由多个简谐信号叠加而成的，因此频谱是离散的，频谱线对应着各个叠加的简谐信号的频率值，只是由于不存在基频，各离散谱线不是等间隔分布，准周期信号和周期信号的频谱没有本质区别。

【例 2-3-4】 求图 2-3-6 所示矩形窗函数 $w_R(t)$ 的频谱，并作频谱图。

解： 矩形窗函数 $w_R(t)$ 的表达式为

$$w_R(t) = \begin{cases} 1 & |t| \leq T/2 \\ 0 & |t| > T/2 \end{cases}$$

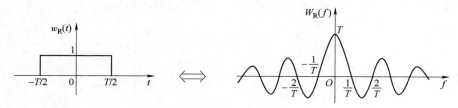

图 2-3-6　矩形窗函数及其频谱

取傅里叶变换，有

$$W_R(f) = \int_{-\infty}^{\infty} w_R(t) e^{-j2\pi ft} dt = \int_{-T/2}^{T/2} \left[\cos(2\pi ft) - j\sin(2\pi ft) \right] dt$$

$$= 2\int_0^{T/2} \cos(2\pi ft) dt = T\frac{\sin(\pi fT)}{\pi fT}$$

$$= T\mathrm{sinc}(\pi fT)$$

$$\left| W_R(f) \right| = T \left| \mathrm{sinc}(\pi fT) \right|$$

$$\varphi(f) = \begin{cases} 0 & \mathrm{sinc}(\pi f) > 0 \\ \pi & \mathrm{sinc}(\pi f) < 0 \end{cases}$$

这里定义森克函数 $\mathrm{sinc}(x) = \dfrac{\sin x}{x}$。该函数是偶函数，并且随 x 增加以 2π 为周期衰减振荡，函数在 $x = \pi n (n = \pm 1, \pm 2, \pm 3, \cdots)$ 时，幅值为零，如图 2-3-7 所示。

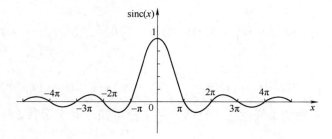

图 2-3-7　$\mathrm{sinc}(x)$ 的图形

【例 2-3-5】　如例 2-3-4 所示的矩形窗函数，若其宽度为 τ，高度为 $1/\tau$，当 $\tau \to 0$ 时，定义单位脉冲函数（δ 函数）为

$$\delta(t) = \begin{cases} \infty & t = 0 \\ 0 & t \neq 0 \end{cases} \quad 且 \int_{-\infty}^{\infty} \delta(t) dt = 1 \tag{2-3-24}$$

如图 2-3-8 所示，请作频谱图。

解：对 δ 函数取傅里叶变换，得其频谱为

$$\Delta(f) = \int_{-\infty}^{\infty} \delta(t) e^{-j2\pi ft} dt = e^0 = 1 \tag{2-3-25}$$

$\delta(t)$ 的频谱如图 2-3-9 所示，其傅里叶逆变换为

$$\delta(t) = \int_{-\infty}^{\infty} 1 \cdot e^{j2\pi ft} df \tag{2-3-26}$$

由此可知，时域脉冲函数具有无限宽广的频谱，且在所有的频段上都是等强度的。这种

频谱常常称作"均匀谱"或"白色谱"。$\delta(t)$是理想的白噪声信号。

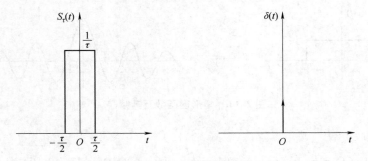

图 2-3-8　矩形窗函数与 δ 函数

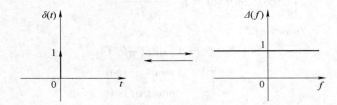

图 2-3-9　δ 函数及其频谱

如果 δ 函数与一个连续的函数 $x(t)$ 相乘，其乘积仅在 $t=0$ 处有 $x(0)\delta(t)$，其余各点之乘积均为零，可得

$$\int_{-\infty}^{\infty}\delta(t)x(t)\mathrm{d}t = \int_{-\infty}^{\infty}\delta(t)x(0)\mathrm{d}t = x(0)\int_{-\infty}^{\infty}\delta(t)\mathrm{d}t = x(0) \tag{2-3-27}$$

同理，有

$$\int_{-\infty}^{\infty}\delta(t-t_0)x(t)\mathrm{d}t = \int_{-\infty}^{\infty}\delta(t-t_0)x(t_0)\mathrm{d}t = x(t_0) \tag{2-3-28}$$

这一性质称为 δ 函数的采样性质。根据这一结论可知，对于函数 $\delta(t)$ 与函数 $x(t)$ 的卷积运算，可写为

$$x(t)*\delta(t) = \int_{-\infty}^{\infty}x(\tau)\delta(t-\tau)\mathrm{d}\tau = x(t) \tag{2-3-29}$$

因此，有

$$x(t)*\delta(t\pm t_0) = \int_{-\infty}^{\infty}x(\tau)\delta(t\pm t_0-\tau)\mathrm{d}\tau = x(t\pm t_0) \tag{2-3-30}$$

即函数 $x(t)$ 与 $\delta(t)$ 卷积的结果相当于把函数 $x(t)$ 平移到脉冲函数发生的坐标位置，如图 2-3-10 所示。

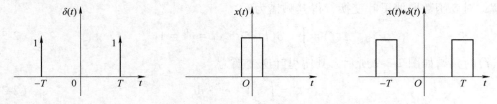

图 2-3-10　δ 函数与其他函数的卷积

2.3.3 随机信号的频谱分析

随机信号是时域无限信号，不具备可积分条件，因此不能直接进行傅里叶变换。又因为随机信号的频率、幅值、相位都是随机的，因此从理论上讲，一般不进行幅值谱和相位谱分析，而是用具有统计特性的功率谱密度来进行分析。

平稳随机过程的功率谱密度 $S_x(\omega)$ 与自相关函数 $R_x(\tau)$ 的相互关系可由如下公式描述：

$$S_x(\omega) = \int_{-\infty}^{\infty} R_x(\tau) e^{-j\omega\tau} d\tau \qquad (2\text{-}3\text{-}31)$$

$$R_x(\tau) = \frac{1}{2\pi} \int_{-\infty}^{\infty} S_x(\omega) e^{j\omega\tau} d\omega \qquad (2\text{-}3\text{-}32)$$

因为自相关函数是偶函数，所以 $S_x(\omega)$ 是非负实偶函数。式（2-3-31）中功率谱密度函数定义在所有频率域上，一般称为双边谱。在实际中，用定义在非负频率上的谱更为方便，这种谱称为单边功率谱密度函数 $G_x(\omega)$，它们的关系（图 2-3-11）为

$$G_x(\omega) = 2S_x(\omega) = 2\int_{-\infty}^{\infty} R_x(\tau) e^{-j\omega\tau} d\tau, \omega > 0 \qquad (2\text{-}3\text{-}33)$$

典型信号的功率谱密度函数如图 2-3-11 所示。

同理，可定义两个随机信号 $x(t)$、$y(t)$ 之间的互谱密度函数 $S_{xy}(\omega)$ 与自相关函数 $R_{xy}(\tau)$ 为

$$S_{xy}(\omega) = \int_{-\infty}^{\infty} R_{xy}(\tau) e^{-j\omega\tau} d\tau \qquad (2\text{-}3\text{-}34)$$

$$R_{xy}(\tau) = \frac{1}{2\pi} \int_{-\infty}^{\infty} S_{xy}(\omega) e^{j\omega\tau} d\omega \qquad (2\text{-}3\text{-}35)$$

单边互谱密度函数为

$$G_{xy}(\omega) = 2S_{xy}(\omega) = 2\int_{-\infty}^{\infty} R_{xy}(\tau) e^{-j\omega\tau} d\tau, 0 < \omega < \infty \qquad (2\text{-}3\text{-}36)$$

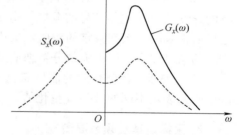

图 2-3-11　单边与双边功率谱密度函数

显然，互谱表示出了幅值以及两个信号之间的相位关系。典型的互谱密度函数如图 2-3-12 所示。

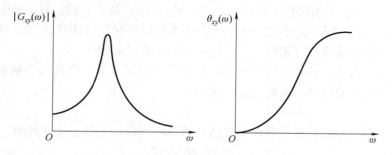

图 2-3-12　典型的互谱密度函数

需要指出，互谱密度不像自谱密度那样具有功率的物理含义，引入互谱这个概念是为了能在频率域描述两个平稳随机过程的相关性。

2.4 数字信号分析基础

2.4.1 采样定理

1. 模拟信号的数字处理

计算机进行数据采集时，首先要将模拟信号转化为可记录的数字信号，即模/数（A/D）转换，在这个处理过程中主要包括3个步骤：采样、量化和编码。

（1）采样 模拟信号是连续的，而数字信号是离散的。采样是将模拟信号在时间轴上进行离散采样，得到一组离散采样值，这些采样值表示了模拟信号在某些特定时刻的振幅大小。模拟信号 $x(t)$ 与数字信号 $x(n)$ 的关系可写为

$$x(n) = x(t) \cdot \sum_{k=0}^{N} \delta(t - k\Delta t) = x(t) \cdot w(t) \tag{2-4-1}$$

式中，N 为采样点数；Δt 为采样间隔。采样频率可写为 $f_s = 1/\Delta t$。

（2）量化 一旦采样得到了一组采样值，就需要对每个采样值进行量化。量化是将已有的连续数值（比如信号的振幅）分成若干等级，并代表为在经过量化器也是 A-D 转换器之后所得到的一系列数字的数值。量化过程把连续数值近似地转化为离散数值，即优化保留实际的信号波形，但丢失部分精细信息。

（3）编码 数值化后的信号需要进行编码，用于进行传输和存储。编码通常采用不同的数码来表示不同的数字（量化值），最终形成了二进制数据。

2. 采样定理及频率混淆

采样时需要选择适当的采样频率 f_s，它应该足够高以确保在不失真的情况下记录模拟信号中的所有特征信息。图 2-4-1 所示的被测模拟信号 $x(t)$，若该信号中所要分析的最高分量的频率为 f_x，其频域信号 $X(f)$ 的谱图如图 2-4-1a 所示。根据卷积性质，采集得到的数字信号 $x(n)$ 频域信号可对应的描述为 $X(f) * W(f)$。若 $f_s > 2f_x$，则原有的信号频率信息将被完整的保留下来，如图 2-4-1b 所示。反之，原有的信号频率信息相互之间将出现重叠，如图 2-4-1c 所示。为了保证测得信号的可用性，采集频率应满足采样定理。

采样定理又称为香农采样定理，即只要采样频率大于或等于有效信号最高频率的两倍，采样值就可以包含原始信号的所有信息，表示为

$$f_s \geq 2f_x \tag{2-4-2}$$

根据采样定理，最低采样频率必须是信号频率的两倍。工程上常常采用

$$f_s = (2.56 \sim 5)f_x$$

如果不能满足采样定理，采样后信号的频率就会重叠，这种频谱的重叠导致的失真称为混叠。混叠无法事后消除，必须提前做好抗混叠措施：

1）提高采样频率，使之达到最高信号频率的两倍以上。

2）引入低通滤波器或提高低通滤波器的参数，该低通滤波器通常称为抗混叠滤波器。

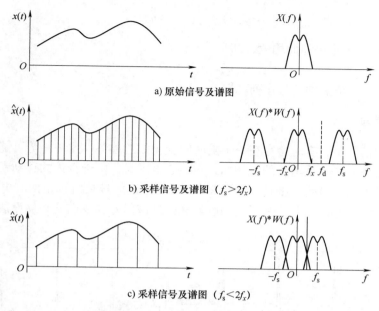

a) 原始信号及谱图

b) 采样信号及谱图（$f_s > 2f_x$）

c) 采样信号及谱图（$f_s < 2f_x$）

图 2-4-1　采样定理的图像解释

抗混叠滤波器可限制信号的带宽，使之满足采样定理的条件。从理论上来说，这是可行的，但是在实际情况中是不可能做到的。因为滤波器不可能完全滤除分析频率之上的信号，所以，采样定理要求的带宽之外总有一些"小的"能量。不过抗混叠滤波器可使这些能量足够小，以至可忽略不计。

2.4.2　数字信号的预处理

由于各种客观因素的影响，在所测得的信号中通常混有噪声，再加上 A-D 转换时所引入的量化噪声，从而影响了对原信号的性能分析。因此，在对信号进行数字处理（包括对其估值、识别、提取特征量等）之前，我们有必要对所测得的信号进行某些预处理（如信号的放大、滤波、去除均值、去除趋势项等），以便尽可能地消除噪声，提高信号的信噪比。

1. 滤波

当需要平滑或抑制信号中的某些频率分量时，可采用滤波的方法来实现，例如，利用低通滤波器来抑制高频噪声。这种滤波的方法不仅可以抑制噪声，而且还能抵消漂移，并减少加窗截取信号所造成的功率泄漏。

2. 去除均值

信号的均值相当于一个直流分量，而直流信号的傅里叶变换是在 $\omega = 0$ 处的冲激函数，若不设法去除此均值，则在估计该信号的功率谱时，将在 $\omega = 0$ 处出现一个很大的峰值，并会影响 $\omega = 0$ 左右两侧的频谱曲线，使之产生较大的误差，因此，我们必须去除信号的均值。

对于序列 $x(n)$，我们首先估计出其平均值为

$$\bar{x}(n) = \frac{1}{N}\sum_{n=0}^{N-1}x(n)$$

然后再从原序列 $x(n)$ 中去掉此均值，即

$$\hat{x}(n) = x(n) - \bar{x}(n)$$

这样就可以获得去均值后的信号序列 $\hat{x}(n)$。

3. 去除趋势项

在所测得的信号中，有时会存在一个随时间变化的总趋势，这种趋势可能是随时间线性增长，也可能是按平方关系增长的。例如，在做心电图时，由于身体的移动常会引起基线漂移现象，使记录到的信号跑出纸外，由图 2-4-2 可见，该信号是由真正的心电图信号和一个慢变趋势项叠加而成的，因此，为了正确解释和处理该信号，我们就必须设法去除趋势项。

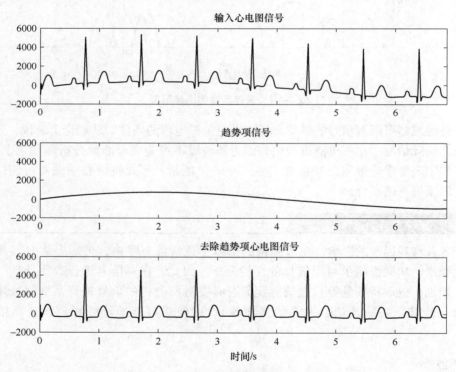

图 2-4-2　心电图信号的趋势项去除

去除趋势项的方法有多种，一般对于线性或近似线性增长的趋势项，可用多项式拟合的方法来去除；对于其他类型的趋势项可用滤波的方法来去除。

2.4.3　快速傅里叶变换

快速傅里叶变换（FFT）是一种高效的计算离散傅里叶变换（DFT）的算法。

离散傅里叶变换是信号处理中广泛使用的一种工具，用于将时域（时间域）中的信号转换为频域中的信号，在许多领域都有应用。比如，在音频、视频、通信等领域，它常常被用来对周期性信号进行分析和合成。FFT 是将 DFT 转化成一个可以在计算机上快速运行的

算法。FFT 在计算 DFT 时利用了矩阵的对称性质以及旋转因子的周期性质，从而使计算复杂度从 $O(N^2)$ 降到了 $O(N\log_2 N)$，大大提升了计算效率。

快速傅里叶变换（FFT）算法流程如下：

1）对输入信号进行 P 点的零填充，使其长度为 2^M。其中 M 是一个整数，满足 $2^M \geq P$，空缺的部分用 0 填充。

2）将这些新样本作为 DFT 输入，在频域计算输出序列。

3）使用分治算法将序列分解成两个 DFT 序列，其中一个序列包括输入序列的所有偶数项，另一个序列包括所有奇数项。这些子序列长度减半，并且可以通过对原始输入序列进行简单的奇偶重新排列来创建它们。

4）递归地应用步骤 3），直到得到 P 个点上的 DFT。当序列长度小于某个阈值时，为了提高运行效率，直接使用蝶形算法计算 DFT，而不再进行递归分解。

5）在完成所有递归计算后，采用蝶形算法将所有 DFT 子序列合并为最终的 DFT 结果。

如果需要频率响应而不是复杂的幅度和相位表示，则可以在步骤 3）中修改分治方法来保留每个递归级别中的实部和虚部，而不是只保留最后一级中的幅度和相位。

为了保证信号处理的精度和可靠性，在实际谱分析中应采用下列步骤：

1）将待分析的信号进行预处理（包括滤波、去除均值、去除趋势项等）。

2）估计信号的频率范围和频率上限 f_m。

3）根据分析精度的要求，设定谱分析中的频率分辨率为

$$F_0 = \frac{1}{T_0} = \frac{1}{NT_s} = \frac{f_s}{N}$$

4）选定采样间隔 T_s，使采样频率 $f_s \geq 2f_m$。

5）确定采样点数 N，使谱分析的频带宽 $F_{max} = NF_0/2$ 等于 f_m，则

$$N = 2f_m/F_0$$

应注意，N 应为 2 的整数次幂，否则可通过补零的方法来实现，以便利用 FFT 算法。MATLAB 提供了 FFT 计算函数，下面列举两个 FFT 计算的程序实例。

```
%FFT 的 MATLAB 分析程序:对已知信号进行 FFT 分析

%初始化采样频率、时间序列、频率参数、以及生成带噪声信号并绘制
clear;clc;  %清空缓存和命令行窗口
fs=1024;%采样频率(每秒采样多少个数据点)
dt=1/fs;
t=0:dt:2;  %时间序列,从 0 开始采样到 2s(秒),每隔 1/fs 采样一次
tn=t(1:1024*2);  %将 t 向量截取前 2048 个数据点,方便后面 FFT 调用
wn=93;  %频率参数,10Hz 的正弦波
xn=10*sin(2*pi*wn.*tn)+6*cos(2*pi*200.*tn);
%生成信号,包括 10Hz 的正弦波和 200Hz 的余弦波
plot(tn,xn)  %绘制信号


%进行 fft 变换,计算功率谱密度。然后通过频率截取显示出信号的幅度谱图
Nf=length(xn)  %获取信号长度,即采样数据点数
```

```
yk=fft(xn,Nf)   %对采样数据进行 FFT 变换
Pxx=abs(yk)*2/Nf;  %计算功率谱密度
f=fs/Nf*(0:Nf-1);  %计算每个频率点的频率值
figure(2) %创建新图形窗口
plot(f(1:Nf/2),Pxx(1:Nf/2),'-k')
%绘制幅度谱线性图,限制在不超过采样频率一半的范围内
grid on  %打开网格线
```

上述代码中使用了几个 MATLAB 内置的函数:

1) fft(xn,Nf):利用 FFT 变换对时间序列 xn 进行频域分析,Nf 表示数据点数(即信号长度)。

2) abs(yk)*2/Nf:将傅里叶变换结果 yk 取模并除以数据点数 Nf,得到功率谱密度。

3) fs/Nf*(0:Nf-1):计算每个频率点的实际频率值,其中 0 到 Nf-1 表示从零频开始的每个 FFT 频率点,fs/Nf 为单位频率步进。因此,对于一个具有 Nf 点的 FFT 结果,前面 Nf/2 个点覆盖了原始数据频率范围的所有可能的正频率,而这些点各自的谐振频率是 fs/Nf Hz。

```
%FFT 示例程序:对声音信号进行 FFT 分析
%Rec.wav 为录制的声音文件

[x,fs]=audioread('Rec.wav');
x1=x(0.6*fs:1.1*fs,1);
t=(0:1:length(x1)-1)/fs;
subplot(211)
plot(t,x1)
L=length(x1);
NFFT = 2^nextpow2(L);
Y = fft(x1,NFFT)/L;
f = fs/2*linspace(0,1,NFFT/2+1);
subplot(212)
plot(f,2*abs(Y(1:NFFT/2+1)))
xlabel('频率 (Hz)')
ylabel('|Y(f)|')
xlim([0 5000]);
set(gca,'FontSize',12);
```

思考题

2-1 信号有哪几种描述方法?

2-2 简述周期信号和非周期信号频谱图的特点及其异同点。

2-3 判断下列信号是否为周期信号,绘制其频谱图。

(1) $f(t)=5\cos 2t+\cos 3t+2\cos 5t$

（2）$f(t) = 3 + 2\cos\pi f_0 t + \cos 2\pi f_0 t$

（3）$f(t) = 1 + 2\cos\sqrt{2}\omega t + \cos\pi\omega t$

（4）$f(t) = 2\cos\pi t + \cos 2\pi t$

2-4 如题图 2-1 所示，某压缩机减速箱的驱动电动机转速为 3000r/min，齿轮 z_1 与 z_2 的齿数比为 43:21，齿轮 z_3 与 z_4 的齿数比 25:19，齿轮 z_5 与 z_6 的齿数比 23:18。根据测量结果，分析每个频率成分的来源，判断哪一根传动轴是减速箱的主要振动源。对该齿轮箱进行振动测试，为了确保获得所有轴的振动频率成分，采样频率至少应设置多少？

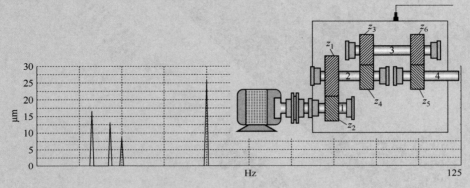

题图 2-1 题 2-4 图

2-5 如题图 2-2 所示 3 组信号均是以 T 为周期变化，且最大值为 1 的波形，验证给出的傅里叶级数展开式是否正确，并绘制该信号的频谱图。若需要采集该信号，后续设备的通频带截止频率的上限应是多少才能使采集信号的误差小于 10%（即某一次谐波的幅值减低到基波的 1/10 以下即可不考虑）？

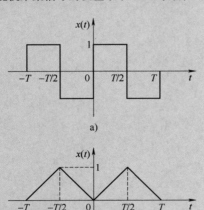

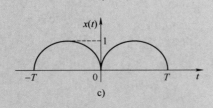

题图 2-2 题 2-5 图

傅里叶级数展开式：

$$x(t) = \frac{4}{\pi}\sum_{k=0}^{\infty}\left[\frac{1}{2k+1}\cos(2k+1)\,\omega_0 t\right] , \omega_0 = \frac{\alpha\pi}{T}$$

傅里叶级数展开式：

$$x(t) = \frac{T}{4} - \frac{2T}{\pi^2}\sum_{k=0}^{\infty}\left(\frac{1}{2k+1}\cos k\omega_0 t\right) , \omega_0 = \frac{\alpha\pi}{T}$$

傅里叶级数展开式：

$$x(t) = \frac{2}{\pi} - \frac{4}{\pi}\sum_{k=1}^{\infty}\left(\frac{1}{4k^2-1}\cos k\omega_0 t\right) , \omega_0 = \frac{\alpha\pi}{T}$$

第 3 章

机械系统的数学模型

对于一个控制系统，不仅要从理论上对其进行定性分析，而且更要定量地计算，这就要求建立控制系统的数学模型。数学模型是描述系统的输入、输出变量及内部各变量间关系的表达式。数学模型有多种表达形式，如微分方程、传递函数、结构图、频率特性、状态空间描述等。常见的控制系统，如机械系统、电气系统、液压系统、气动系统等都可用微分方程这一形式的数学模型加以描述。将系统的微分方程形式的数学模型转化为传递函数形式或是空间状态形式的数学模型，在此基础上对控制系统进行分析、综合及辨识是机械 控制工程的基本方法。系统数学模型的建立主要采用解析法和实验法。本章主要介绍用解析法建立系统的数学模型。

3.1　机械系统微分方程的建立

机械系统微分方程的建立步骤如下：

1）从输入端开始，按照信号的传递顺序，根据物理规律列写出系统中每个元件的微分方程。

2）将各元件的微分方程按元件间的关系进行联立，并消去中间变量，最后得出只含输入、输出变量以及参量的系统微分方程式。

3）将所得微分方程式进行标准化整理，将与输出量有关的项写在等式左端，与输入量有关的项写在等式的右端，且降幂排列，得出标准化的微分方程。

机械系统微分方程主要用牛顿第二定律推导。

在机械系统中，有些构件具有较大的惯性和刚度，可忽略其弹性，视为质量块；有些构件的惯性较小且柔度较大，可忽略其惯性，视为无质量的弹簧。这样的受控对象的机械系统可简化为质量-弹簧-阻尼系统。

【例 3-1-1】　图 3-1-1 是由质量块、弹簧、阻尼器所构成的机械系统，给定外力 $f_i(t)$ 为输入量，质量块的位移 $x_o(t)$ 为输出量。试写出该系统的微分方程。

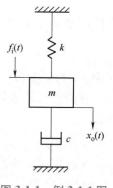

解：由牛顿第二定律 $ma(t)=\sum F(t)$，可得

$$m\frac{d^2x_o(t)}{dt^2}+c\frac{dx_o(t)}{dt}+kx_o(t)=f_i(t) \tag{3-1-1}$$

式中，m 为运动物体的质量（kg）；$x_o(t)$ 为运动物体的位移（m）；c 为阻尼器的黏性阻尼系数（N·s/m）；k 为弹簧刚度（N/m）；$f_i(t)$ 为系统所受外力（N）。

图 3-1-1　例 3-1-1 图

式（3-1-1）即为此机械移动系统的微分方程形式的数学模型。

【例 3-1-2】　如图 3-1-2 所示机械转动系统，给定转矩 $M_i(t)$ 为输入量，转角 $\theta_o(t)$ 为输出量。试写出该系统的微分方程。

解：由牛顿第二定律 $J\alpha(t)=\sum M(t)$，可得

$$J\frac{d^2\theta_o(t)}{dt^2}=M_i(t)-M_c(t)-M_k(t)=M_i(t)-c\frac{d\theta_o(t)}{dt}-k\theta_o(t)$$

整理得

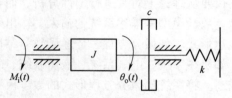

图 3-1-2 例 3-1-2 图

$$J \frac{d^2\theta_o(t)}{dt^2} + c \frac{d\theta_o(t)}{dt} + k\theta_o(t) = M_i(t) \qquad (3\text{-}1\text{-}2)$$

式中，J 为负载的转动惯量（kg·m^2）；$\theta_o(t)$ 为转动的角度（rad）；c 为阻尼器的黏性阻尼系数（N·m·s/rad）；k 为扭转弹簧刚度（N·m/rad）；$M_i(t)$ 为系统给定转矩（N·m）。

式（3-1-2）即为此机械转动系统的微分方程形式的数学模型。

3.2 拉普拉斯变换与逆变换

为简化微分方程形式的数学模型的求解，可以利用拉普拉斯变换（简称拉氏变换），将微分方程转换为代数方程。在此基础上，可以得到系统的传递函数。

3.2.1 拉普拉斯变换的定义

对于函数 $x(t)$，如果满足以下条件：

1）当 $t<0$ 时，$x(t)=0$；当 $t>0$ 时，$x(t)$ 在每个有限区间上是分段连续的。

2）当 $\int_0^\infty x(t)\,e^{-\sigma t}dt < \infty$，其中 σ 为正实数，即 $x(t)$ 为指数级的；则可定义 $x(t)$ 的拉普拉斯变换 $X(s)$ 为

$$X(s) = L[x(t)] = \int_0^\infty x(t)\,e^{-st}dt$$

式中，s 为复变数；$x(t)$ 为原函数；$X(s)$ 为象函数。

在拉普拉斯变换中，s 的量纲是时间的倒数，$X(s)$ 的量纲是 $x(t)$ 的量纲与时间 t 量纲的乘积。

```
%%符号类变量求解函数的拉普拉斯变换的 MATLAB 代码示例
%使用 syms 定义变量
syms t;
%x(t)表达式
x = t * exp(-2 * t);
%x(t)拉普拉斯变换得到 X(s)
X = laplace(x);
%显示变换结果
disp(X);
```

3.2.2　简单函数的拉普拉斯变换

1. 单位阶跃函数

$$x(t) = \begin{cases} 0 & t<0 \\ 1 & t \geqslant 0 \end{cases}$$

$$L[x(t)] = \int_0^\infty 1 \cdot e^{-st} dt = \frac{1}{s}$$

2. 指数函数

$$x(t) = \begin{cases} 0 & t<0 \\ e^{at} & t \geqslant 0 \end{cases}$$

$$L[x(t)] = L[e^{at}] = \int_0^\infty e^{at} \cdot e^{-st} dt = \frac{1}{s-a}$$

3. 正弦函数与余弦函数

（1）正弦函数

$$x(t) = \begin{cases} 0 & t<0 \\ \sin\omega t & t \geqslant 0 \end{cases}$$

由欧拉公式

$$\sin\theta = \frac{e^{j\theta} - e^{-j\theta}}{2j}$$

可得

$$L[x(t)] = L[\sin\omega t] = \frac{\omega}{s^2 + \omega^2}$$

（2）余弦函数

$$x(t) = \begin{cases} 0 & t<0 \\ \cos\omega t & t \geqslant 0 \end{cases}$$

由欧拉公式

$$\cos\theta = \frac{e^{j\theta} + e^{-j\theta}}{2}$$

可得

$$L[x(t)] = L[\cos\omega t] = \frac{s}{s^2 + \omega^2}$$

4. 幂函数

$$x(t) = \begin{cases} 0 & t<0 \\ t^n & t \geqslant 0 \end{cases}$$

$$L[x(t)] = L[t^n] = \frac{n!}{s^{n+1}}$$

推论：当 $t=1$ 时，称为 $x(t)=t$ （$t \geqslant 0$）称为单位斜坡函数，也称为单位速度函数，则

$$L[x(t)] = L[t] = \frac{1}{s^2}$$

5. 单位加速度函数

$$x(t) = \begin{cases} 0 & t < 0 \\ \frac{1}{2}t^2 & t \geqslant 0 \end{cases}$$

$$L[x(t)] = L\left[\frac{1}{2}t^2\right] = \frac{1}{s^3}$$

6. 单位脉冲函数

$$\delta(t) = \begin{cases} 0 & t < 0, t > t_0 \\ \lim_{t_0 \to 0} \frac{1}{t_0} & 0 < t < t_0 \end{cases}$$

$$L[x(t)] = L[\delta(t)] = 1$$

3.2.3 拉普拉斯变换的性质

1. 叠加定理

若 $L[x_1(t)] = X_1(s)$，$L[x_2(t)] = X_2(s)$，则

$$L[ax_1(t) + bx_2(t)] = aX_1(s) + bX_2(s)$$

式中，a、b 为常数。

2. 微分定理

$$L\left[\frac{\mathrm{d}x(t)}{\mathrm{d}t}\right] = sX(s) - x(0^+)$$

推论：

1）$L\left[\dfrac{\mathrm{d}^n x(t)}{\mathrm{d}t^n}\right] = s^n X(s) - s^{n-1}x(0^+) - s^{n-2}\dot{x}(0^+) - \cdots - sx^{(n-2)}(0^+) - x^{(n-1)}(0^+)$

2）在零初始条件下，有

$$L\left[\frac{\mathrm{d}^n x(t)}{\mathrm{d}t^n}\right] = s^n X(s)$$

3. 积分定理

$$L\left[\int x(t)\mathrm{d}t\right] = \frac{X(s)}{s} + \frac{x^{-1}(0^+)}{s}$$

式中，$x^{-1}(0^+)$ 为积分 $\int x(t)\mathrm{d}t$ 在 $t \to 0^+$ 时的值。

推论：

1) $$L\left[\underbrace{\int\cdots\int}_{n}x(t)(\mathrm{d}t)^{n}\right] = \frac{X(s)}{s^{n}} + \frac{x^{-1}(0^{+})}{s^{n}} + \frac{x^{-2}(0^{+})}{s^{n-1}} + \cdots + \frac{x^{-n}(0^{+})}{s}$$

式中，$x^{-n}(t) = \underbrace{\int\cdots\int}_{n}x(t)(\mathrm{d}t)^{n}$。

2) 零初始条件下，有

$$L\left[\underbrace{\int\cdots\int}_{n}x(t)(\mathrm{d}t)^{n}\right] = \frac{X(s)}{s^{n}}$$

4. 衰减定理

$$L\left[\mathrm{e}^{-at}x(t)\right] = X(s+a)$$

5. 延时定理

$$L\left[x(t-a)\right] = \mathrm{e}^{-as}X(s)$$

6. 相似定理

$$L\left[x\left(\frac{t}{a}\right)\right] = aX(as)$$

7. 初值定理

$$\lim_{t\to 0^{+}}x(t) = \lim_{s\to\infty}sX(s)$$

8. 终值定理

$$\lim_{t\to\infty}x(t) = \lim_{s\to 0}sX(s)$$

9. $tx(t)$ 的象函数

$$L\left[tx(t)\right] = -\frac{\mathrm{d}X(s)}{\mathrm{d}s}$$

推论：

$$L\left[t^{n}x(t)\right] = (-1)^{n}\frac{\mathrm{d}^{n}X(s)}{\mathrm{d}s^{n}}$$

10. 卷积定理

$$L\left[x(t)*y(t)\right] = X(s)Y(s)$$

式中，$x(t)*y(t) = \int_{0}^{t}x(t-\tau)y(\tau)\mathrm{d}\tau$。

【例 3-2-1】 试求 $L\left[\mathrm{e}^{-at}\sin\beta t\right]$。

解： 由于 $L[\sin\beta t] = \dfrac{\beta}{s^2 + \beta^2}$，根据衰减定理可得

$$L[e^{-at}\sin\beta t] = \frac{\beta}{(s+a)^2 + \beta^2}$$

3.2.4 拉普拉斯逆变换

1. 定义

函数的拉普拉斯逆变换定义为

$$x(t) = L^{-1}[X(s)] = \frac{1}{2\pi j}\int_{a-j\infty}^{a+j\infty} X(s)e^{at}ds$$

由于通过复变函数积分求拉普拉斯逆变换的方法较为烦琐，通常将有理分式的象函数化为典型象函数的叠加形式，再根据拉普拉斯变换反查表，即可求得相应的原函数。

```
%%符号类变量求解函数的拉普拉斯逆变换的 MATLAB 代码示例

%使用 syms 定义变量
syms s;
%F(s)表达式
F = 1/(4 * s * (s^2+1));
%F(s)拉普拉斯逆变换得到f(t)
f = ilaplace(F);
%显示变换结果
disp(f);
%绘制图像
ezplot(f);
```

2. 拉普拉斯逆变换的求解方法

在一般的控制系统中，$X(s)$ 形式通常为如下的有理分式：

$$X(s) = \frac{B(s)}{A(s)} = \frac{b_0 s^m + b_1 s^{m-1} + \cdots + b_{m-1}s + b_m}{s^n + a_1 s^{n-1} + \cdots + a_{n-1}s + a_n}, \quad n \geq m \qquad (3\text{-}2\text{-}1)$$

式中，使分子 $B(s) = 0$ 的 s 值称为零点，使分母 $A(s) = 0$ 的 s 值称为极点。

（1）只含不同单极点的情况　设式（3-2-1）中的极点为实数：$-p_1$、$-p_2$、$\cdots$、$-p_n$，则有

$$
\begin{aligned}
X(s) &= \frac{b_0 s^m + b_1 s^{m-1} + \cdots + b_{m-1}s + b_m}{s^n + a_1 s^{n-1} + \cdots + a_{n-1}s + a_n} \\[2mm]
&= \frac{b_0 s^m + b_1 s^{m-1} + \cdots + b_{m-1}s + b_m}{(s+p_1)(s+p_2)\cdots(s+p_n)} \qquad (3\text{-}2\text{-}2) \\[2mm]
&= \frac{a_1}{s+p_1} + \frac{a_2}{s+p_2} + \cdots + \frac{a_{n-1}}{s+p_{n-1}} + \frac{a_n}{s+p_n}
\end{aligned}
$$

式中，a_k 为常数，可由下式求得：

$$a_k = [X(s) \cdot (s+p_k)] \big|_{s=-p_k}$$

利用拉普拉斯变换的性质，将式（3-2-2）进行拉普拉斯逆变换得

$$x(t) = L^{-1}[X(s)] = \sum_{i=1}^{n} a_i e^{p_i t} = a_1 e^{-p_1 t} + a_2 e^{-p_2 t} + \cdots + a_n e^{-p_n t}, \quad t>0$$

【例 3-2-2】 试求 $X(s) = \dfrac{s+1}{s^2+5s+6}$ 的拉普拉斯逆变换。

解：

$$X(s) = \frac{s+1}{s^2+5s+6} = \frac{s+1}{(s+2)(s+3)} = \frac{a_1}{(s+2)} + \frac{a_2}{(s+3)}$$

$$a_1 = \left[\frac{s+1}{(s+2)(s+3)}(s+2) \right] \bigg|_{s=-2} = -1$$

$$a_2 = \left[\frac{s+1}{(s+2)(s+3)}(s+3) \right] \bigg|_{s=-3} = 2$$

$$X(s) = \frac{-1}{(s+2)} + \frac{2}{(s+3)}$$

$$x(t) = 2e^{-3t} - e^{-2t}, \quad t>0$$

（2）含多重极点的情况

$$X(s) = \frac{b_0 s^m + b_1 s^{m-1} + \cdots + b_{m-1} s + b_m}{s^n + a_1 s^{n-1} + \cdots + a_{n-1} s + a_n}$$

$$= \frac{b_0 s^m + b_1 s^{m-1} + \cdots + b_{m-1} s + b_m}{(s+p_1)^k (s+p_{k+1}) \cdots (s+p_n)}$$

$$X(s) = \frac{a_{r1}}{(s+p_1)^r} + \frac{a_{r2}}{(s+p_1)^{r-1}} + \cdots + \frac{a_{rr}}{(s+p_1)} + \frac{a_{r+1}}{(s+p_{r+1})} + \cdots + \frac{a_n}{(s+p_n)} \tag{3-2-3}$$

式中，待定常数 a_{r1}，a_{r2}，$\cdots$，a_{rr}，可由下式求得：

$$a_{r1} = [X(s) \cdot (s+p_1)^r] \big|_{s=-p_1}$$

$$a_{r2} = \left\{ \frac{\mathrm{d}}{\mathrm{d}s}[X(s) \cdot (s+p_1)^r] \right\} \bigg|_{s=-p_1}$$

$$a_{r3} = \frac{1}{2!}\left\{ \frac{\mathrm{d}^2}{\mathrm{d}s^2}[X(s) \cdot (s+p_1)^r] \right\} \bigg|_{s=-p_1}$$

$$\vdots$$

$$a_{rr} = \frac{1}{(r-1)!}\left\{ \frac{\mathrm{d}^{r-1}}{\mathrm{d}s^{r-1}}[X(s) \cdot (s+p_1)^r] \right\} \bigg|_{s=-p_1}$$

根据拉普拉斯逆变换表，可知

$$L\left[\frac{1}{(s+p_1)^k} \right] = \frac{t^{k-1}}{(k-1)!} e^{-p_1 t}, \quad t>0$$

所以式（3-2-3）的拉普拉斯逆变换为

$$x(t) = L^{-1}[X(s)] = \left[\frac{a_{r1} t^{r-1}}{(r-1)!} + \frac{a_{r2} t^{r-2}}{(r-2)!} + \cdots + a_{rr} \right] e^{-p_1 t} + \sum_{i=r+1}^{n} a_i e^{p_i t}, \quad t>0$$

【例 3-2-3】 试求 $X(s) = \dfrac{s^2+2s+3}{(s+1)^3}$ 的拉普拉斯逆变换。

解：

$$X(s) = \frac{s^2+2s+3}{(s+1)^3} = \frac{a_3}{(s+1)^3} + \frac{a_2}{(s+1)^2} + \frac{a_1}{s+1}$$

$$a_3 = \left[\frac{s^2+2s+3}{(s+1)^3}(s+1)^3 \right]\Big|_{s=-1} = 2$$

$$a_2 = \left\{ \frac{\mathrm{d}}{\mathrm{d}s}\left[\frac{s^2+2s+3}{(s+1)^3}(s+1)^3 \right] \right\}\Big|_{s=-1} = (2s+2)\,|_{s=-1} = 0$$

$$a_1 = \frac{1}{2!}\left\{ \frac{\mathrm{d}^2}{\mathrm{d}s^2}\left[\frac{s^2+2s+3}{(s+1)^3}(s+1)^3 \right] \right\}\Big|_{s=-1} = \frac{1}{2!}\times 2 = 1$$

$$X(s) = \frac{2}{(s+1)^3} + 0 + \frac{1}{s+1}$$

$$x(t) = t^2 \mathrm{e}^{-t} + \mathrm{e}^{-t},\ t > 0$$

3.3　系统的传递函数

　　系统的传递函数是与微分方程相关的另一种形式的数学模型，是在拉普拉斯变换的基础上，以系统本身的参数描述线性定常系统输入量与输出量间的关系式。它表达了系统内在的固有特性，与输入量或驱动函数无关。通过传递函数可间接地分析系统结构参数对动态过程的影响，简化了系统分析的过程。经典控制论中广泛使用的频域分析法也是基于传递函数推导出来的。因此，传递函数是经典控制论中最基本、最重要的数学模型。

3.3.1　传递函数的概念

　　一般把外界对系统的作用称之为系统的输入或激励，而将系统对输入的反应称为系统的输出或响应，系统框图如图 3-3-1 所示。图中，$x_i(t)$ 表示测试系统随时间变化的输入，$x_o(t)$ 表示测试系统随时间变化的输出。

图 3-3-1　系统框图

　　当系统的输入 $x_i(t)$ 和输出 $x_o(t)$ 之间的关系可用常系数线性微分方程［式（3-3-1）］来描述时，则称该系统为定常线性系统或时不变线性系统。

$$a_0 x_o^{(n)}(t) + a_1 x_o^{(n-1)}(t) + \cdots + a_{n-1}\dot{x}_o(t) + a_n x_o(t)$$
$$= b_0 x_i^{(m)}(t) + b_1 x_i^{(m-1)}(t) + \cdots + b_{m-1}\dot{x}_i(t) + b_m x_i(t) \tag{3-3-1}$$

式中，t 为时间自变量；系数 a_n，a_{n-1}，$\cdots$，a_0 和 b_m，b_{m-1}，$\cdots$，b_0 均为不随时间变化的常数。

　　式（3-3-1）中，当 $n=1$ 时，称系统为一阶线性系统，当 $n=2$ 时，称系统为二阶线性系统，依此类推。

以 $x_i(t) \rightarrow x_o(t)$ 表示定常线性系统输入与输出的对应关系，则线性系统具有以下主要性质。

1）叠加性：叠加性是指当在一个线性系统中输入多个信号时，系统的输出等于这些信号分别作用于系统时的输出之和。这种叠加性质是线性系统最基本的性质之一。

2）比例特性：比例特性是指如果将系统的输入信号按某个比例进行变化，则相应的输出信号也会按照相同的比例变化。比例特性反映了线性系统对信号幅度的响应，常常用来描述放大或衰减的效果。

3）微分特性：微分特性是指输入信号变为原信号的导数，其对应的输出同样为原信号输出的导数。

4）积分特性：积分特性是指输入信号变为原信号的积分，其对应的输出同样为原信号输出的积分。

5）同频性：同频性是指在线性系统中，输入信号与输出信号的频率一致。

线性定常系统在零初始条件下，输出量的拉普拉斯变换与输入量的拉普拉斯变换之比，称为系统的传递函数，用 $G(s)$ 表示，即

$$G(s) = \frac{X_o(s)}{X_i(s)} \tag{3-3-2}$$

对于如式（3-3-1）所示的线性定常系统的微分方程，在零初始条件下对式（3-3-2）进行拉普拉斯变换，可得系统的传递函数为

$$G(s) = \frac{X_o(s)}{X_i(s)} = \frac{b_0 s^m + b_1 s^{m-1} + \cdots + b_{m-1} s + b_m}{a_0 s^n + a_1 s^{n-1} + \cdots + a_{n-1} s + a_n}, n \geqslant m \tag{3-3-3}$$

传递函数是分析线性定常系统的重要数学模型，传递函数的零点和极点分布决定系统的动态特性。它是系统的固有特性，只与系统的结构与参数有关，而与输入量、输出量无关。它不能表明系统的物理特性和物理结构，许多物理性质不同的系统，有着相同的传递函数。

3.3.2　典型环节及其传递函数

环节是指控制系统中，具有某种确定信息传递关系的元件、元件组或元件的一部分。为便于研究，按数学模型不同，将系统的组成元件划分为几个典型类别，每种类别具有相应的传递函数，称为典型环节。典型环节只代表一种特定的运动规律，与具体元部件不一定是一一对应的。一般复杂的线性控制系统都可归纳为由一些典型环节组成。

下面介绍一些典型环节及其传递函数。

1. 比例环节

在时间域里，输出量与输入量成正比，输出即不失真也不延迟的环节，称为比例环节（也称放大环节）。其运动方程为

$$x_o(t) = Kx_i(t) \tag{3-3-4}$$

在零初始条件下，对式（3-3-4）进行拉普拉斯变换，得

$$X_o(s) = KX_i(s)$$

式中，K 为比例系数，若输入、输出的量纲相同，则称为放大系数或增益。

传递函数为

$$G(s) = \frac{X_o(s)}{X_i(s)} = K \qquad (3\text{-}3\text{-}5)$$

如图 3-3-2 所示齿轮传动，其中 $n_i(t)$ 为输入轴转速，$n_o(t)$ 为输出轴转速，z_1、z_2 为齿轮齿数。已知 $n_o(t)z_2 = n_i(t)z_1$，进行拉普拉斯变换得

$$N_o(s)z_2 = N_i(s)z_1$$

则传递函数为

$$G(s) = \frac{N_o(s)}{N_i(s)} = \frac{z_1}{z_2} = K$$

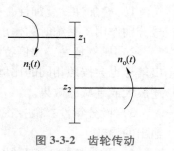

图 3-3-2　齿轮传动

2. 一阶惯性环节

在时间域里，输入量与输出量的函数关系用一阶微分方程表达的典型环节为

$$T\dot{x}_o(t) + x_o(t) = x_i(t) \qquad (3\text{-}3\text{-}6)$$

在零初始条件下，对式（3-3-6）进行拉普拉斯变换，得

$$TsX_o(s) + X_o(s) = X_i(s)$$

则传递函数为

$$G(s) = \frac{X_o(s)}{X_i(s)} = \frac{1}{Ts+1} \qquad (3\text{-}3\text{-}7)$$

式中，T 为时间常数。

惯性环节一般包含一个储能元件和一个耗能元件。

图 3-3-3 所示为弹簧-阻尼系统，其中 $x_i(t)$ 为输入位移，$x_o(t)$ 为输出位移，k 为弹簧刚度，c 为黏性阻尼系数。其运动微分方程为

$$k[x_i(t) - x_o(t)] = c\dot{x}_o(t) \qquad (3\text{-}3\text{-}8)$$

在零初始条件下，对式（3-3-8）进行拉普拉斯变换，得

$$k[X_i(s) - X_o(s)] = csX_o(s)$$

整理后得传递函数为

$$G(s) = \frac{X_o(s)}{X_i(s)} = \frac{1}{\dfrac{c}{k}s+1} = \frac{1}{Ts+1}$$

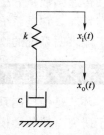

图 3-3-3　弹簧-阻尼系统

式中，$\dfrac{c}{k} = T$。

本系统能成为惯性环节，是由于其包含储能元件——弹簧和耗能元件——阻尼器。

3. 微分环节

在时间域里，输出变量正比于输入变量的微分，其运动方程为

$$x_o(t) = k\dot{x}_i(t) \qquad (3\text{-}3\text{-}9)$$

在零初始条件下，对式（3-3-9）进行拉普拉斯变换，得

$$X_o(s) = ksX_i(s)$$

$$G(s) = \frac{X_o(s)}{X_i(s)} = ks \qquad (3\text{-}3\text{-}10)$$

对于相同量纲的理想微分环节物理上难以实现，常遇到的是近似微分环节。其传递函数具有如下形式：

$$G(s) = \frac{X_o(s)}{X_i(s)} = \frac{kTs}{Ts+1}$$

式中，k、T 为常数。

4. 积分环节

在时间域里，输出变量正比于输入变量的积分，其运动方程为

$$x_o(t) = k \int x_i(t)\,\mathrm{d}t \qquad (3\text{-}3\text{-}11)$$

在零初始条件下，对式（3-3-11）进行拉普拉斯变换，得

$$X_o(s) = k\frac{X_i(s)}{s}$$

$$G(s) = \frac{X_o(s)}{X_i(s)} = \frac{k}{s} \qquad (3\text{-}3\text{-}12)$$

积分环节的特点是其输出量为输入量对时间的累积，如水箱的水位与水流量、烘烤箱的温度与功率、机械运动中的转速与转矩、位移与加速度等都属于积分环节。

5. 二阶振荡环节

在时间域里，输入、输出变量间的函数关系可以表示为如下的二阶微分方程：

$$T^2\ddot{x}_o(t) + 2\zeta T\dot{x}_o(t) + x_o(t) = x_i(t) \qquad (3\text{-}3\text{-}13)$$

式中，T 为时间常数；ζ 为阻尼比，$0 < \zeta < 1$。

在零初始条件下，对式（3-3-13）进行拉普拉斯变换，得

$$T^2 s^2 X_o(s) + 2\zeta Ts X_o(s) + X_o(s) = X_i(s)$$

$$G(s) = \frac{X_o(s)}{X_i(s)} = \frac{1}{T^2 s^2 + 2\zeta Ts + 1}$$

令 $\omega_n = \dfrac{1}{T}$，ω_n 称为无阻尼自振角频率。则二阶振荡环节另一种标准形式的传递函数可表示为

$$G(s) = \frac{\omega_n^2}{s^2 + 2\zeta\omega_n s + \omega_n^2} \qquad (3\text{-}3\text{-}14)$$

6. 延迟环节

输出量经过一段延迟时间后，完全复现输入量的环节，也称为时滞环节或是滞后环节。其输入、输出量之间的函数关系为

$$x_o(t) = x_i(t-\tau), \quad t \geq \tau \qquad (3\text{-}3\text{-}15)$$

式中，τ 为延迟时间。

对式（3-3-15）进行拉普拉斯变换，得

$$X_o(s) = e^{-\tau s} X_i(s)$$

$$G(s) = \frac{X_o(s)}{X_i(s)} = e^{-\tau}$$

(3-3-16)

在大多的控制系统中都具有延迟环节，如锅炉燃料的传输、管道中介质压力或热量的传播等。延迟环节对控制系统的稳定性是不利因素，延迟时间过长，会使控制效果恶化，甚至会造成控制系统的失稳。

3.4 系统传递函数框图及其简化

一个控制系统是由多个环节组成，将这些环节以方框表示，方框间用相应的变量和信号流向联系起来，构成了框图。框图能够形象直观地描述系统中信号的传递方向、变换过程，清楚地表明系统中各个环节间的相互关系，便于对系统的分析和研究。

3.4.1 框图的组成

1. 框图单元

框图单元是元件或环节传递函数的图解表示，如图3-4-1所示。图中，指向方框的箭头代表以复数域表示的输入信号，离开方框的箭头代表以复数域表示的输出信号，方框内的函数代表的是此元件或环节输入、输出信号间存在的函数关系，即传递函数。由传递函数的定义可得出输入与输出信号间的关系式为

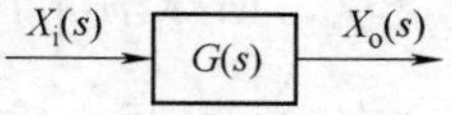

图 3-4-1　框图单元

$$X_o(s) = G(s) X_i(s)$$

(3-4-1)

2. 信号线

信号线用带箭头的直线表示，箭头方向表示信号的传递方向，信号线的上方或下方标出信号的拉普拉斯变换（象函数），如图3-4-2所示。

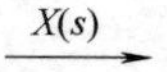

图 3-4-2　信号线

3. 比较点

比较点表示两个或两个以上的输入信号进行相加或相减运算，如图3-4-3所示。箭头上的"+"代表信号相加，通常可省略；"−"代表信号相减，不可省略。相加或相减的信号应具有相同的量纲。

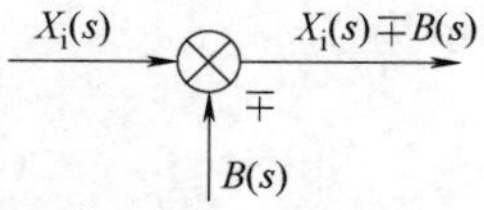

图 3-4-3　比较点

4. 引出点（分支点）

引出点（分支点）表示信号引出和测量的位置，同一位置引出的几个信号，其大小和性质完全相同，如图3-4-4所示。

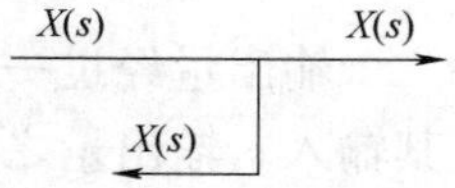

图 3-4-4　分支点

3.4.2　框图的等效变换及简化

在控制工程的领域，通常用框图说明和分析问题。对于复杂的控制系统，其框图可能含有多个回路，结构相对复杂，为了便于分析，需要对系统的框图进行运算和变换，求出系统输入与输出之间的总关系式，即系统的总传递函数。这种为求得系统的总传递函数而进行的运算和变换就是框图的等效变化与简化。这里所说的等效，是指对框图的任一部分进行变换时，变换前后的输入与输出之间的数学关系保持不变，即变换后进入下一环节的信号的大小与性质与变换前保持一致。

1. 串联环节的等效变换及简化

图 3-4-5a 所示的串联环节可等效简化为如图 3-4-5b 所示的环节。

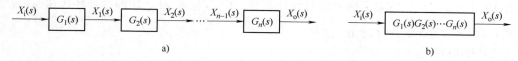

图 3-4-5　串联环节的简化

环节串联后总的传递函数等于每个串联环节的传递函数的乘积。

2. 并联环节的等效变换及简化

图 3-4-6a 所示的并联环节可等效简化为如图 3-4-6b 所示的环节。环节并联后总的传递函数等于每个并联环节的传递函数之和。

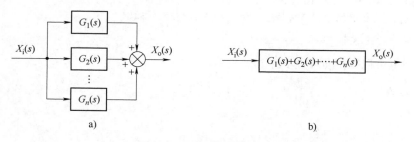

图 3-4-6　并联环节的简化

3. 反馈环节的等效变换及简化

图 3-4-7a 所示的反馈环节可等效简化为如图 3-4-7b 所示的环节。

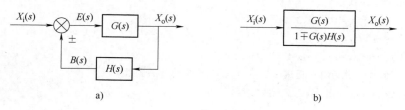

图 3-4-7　反馈环节的简化

证明：由图 3-4-7a 可得

$$X_o(s) = G(s)E(s) \tag{3-4-2}$$

$$E(s) = X_i(s) \pm B(s) \tag{3-4-3}$$

$$B(s) = H(s)X_o(s) \tag{3-4-4}$$

联立上述 3 个关系式，消去 $E(s)$、$B(s)$ 可得反馈环节的传递函数为

$$\Phi(s) = \frac{X_o(s)}{X_i(s)} = \frac{G(s)}{1 \mp G(s)H(s)} \tag{3-4-5}$$

式（3-4-5）称为闭环传递函数。式中，负号对应正反馈，正号对应负反馈。将前向通道的传递函数 $G(s)$ 与反馈通道的传递函数 $H(s)$ 的乘积 $G(s)H(s)$ 称为闭环系统的开环传递函数，开环传递函数没有量纲。

需要注意的是，开环传递函数不是开环控制系统的传递函数。可以看作是把图 3-4-7 所示的闭环控制系统在比较点下面的信号线处断开，$B(s)$ 与 $E(s)$ 之比即为开环传递函数。

```matlab
%框图化简的MATLAB代码示例
%创建传递函数
s = tf('s');
G_1 = 1/(s+1);
G_2 = (s^2 + 2*s + 10)/(s^3 + 4*s^2 + 7*s + 10);

%串联两个传递函数
G_series = series(G_1, G_2)
%并联两个传递函数
G_parallel = parallel(G_1, G_2)
%添加负反馈,G_1作为前向通道传递函数,G_2为反馈传递函数
G_feedback = feedback(G_1, G_2,-1)
```

以上程序也可以写成如下形式：

```matlab
%创建传递函数
G_1n=[1];
G_1d=[1 1];
G_2n=[1 2 10];
G_2d=[1 4 7 10];
G_1 = tf(G_1n, G_1d)
G_2 = tf(G_2n, G_2d)

%串联两个传递函数
G_series = series(G_1, G_2)
%并联两个传递函数
G_parallel = parallel(G_1, G_2)
%添加负反馈,G_1作为前向通道传递函数,G_2为反馈传递函数
G_feedback = feedback(G_1, G_2,-1)
```

4. 引出点的移动

图 3-4-8 所示为引出点的前移。将 $G(s)$ 方框输出端的引出点移动到 $G(s)$ 方框输入端,为保持移动前后总的信号不变,则应在被移动的通道上串联 $G(s)$ 方框。图 3-4-9 所示为引出点后移,为保持移动前后总的信号不变,则应在被移动的通道上串联 $G(s)$ 倒数的方框。

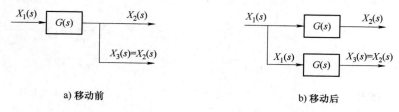

a) 移动前　　　　　　　　　　　b) 移动后

图 3-4-8 引出点前移

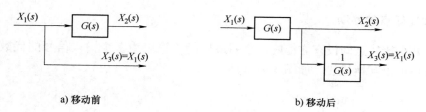

a) 移动前　　　　　　　　　　　b) 移动后

图 3-4-9 引出点后移

5. 比较点的移动

图 3-4-10 所示为引出比较点的后移。将 $G(s)$ 方框前的比较点移动到 $G(s)$ 方框输出端,为保持移动前后总的信号不变,则应在被移动的通道上串联 $G(s)$ 方框。图 3-4-11 所示为比较点前移,为保持移动前后总的信号不变,则应在被移动的通道上串联 $G(s)$ 倒数的方框。

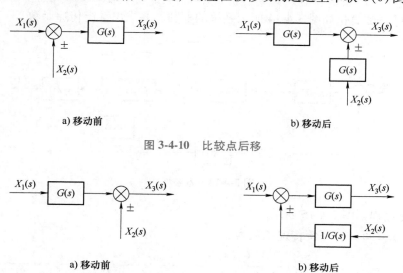

a) 移动前　　　　　　　　　　　b) 移动后

图 3-4-10 比较点后移

a) 移动前　　　　　　　　　　　b) 移动后

图 3-4-11 比较点前移

6. 相邻分支点的移动

相邻的两个引出点间没有方框时，表明同一信号要传送到不同环节中去。此时，这两个引出点可以互换位置或将两个分支点合并在一处，如图 3-4-12 所示。

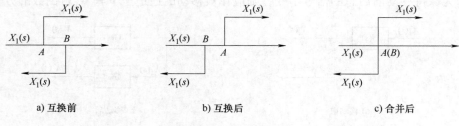

a) 互换前 b) 互换后 c) 合并后

图 3-4-12　分支点移动

7. 相邻比较点的移动

相邻的两个比较点间没有方框时，表明最后的总输出为多个输入信号的代数和。此时，这两个比较点可以互换位置，如图 3-4-13 所示。

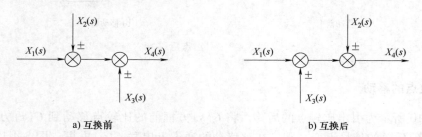

a) 互换前 b) 互换后

图 3-4-13　相邻比较点移动

【例 3-4-1】　试简化如图 3-4-14 所示系统的框图，并求出系统传递函数。

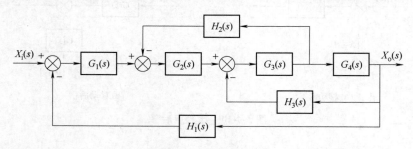

图 3-4-14　系统框图

解： 简化过程如图 3-4-15 所示。

由图 3-4-15d 可知，系统传递函数为

$$G(s)=\cfrac{G_1(s)G_2(s)G_3(s)G_4(s)}{1+G_2(s)G_3(s)H_2(s)+G_3(s)G_4(s)H_3(s)+G_1(s)G_2(s)G_3(s)G_4(s)H_1(s)}$$

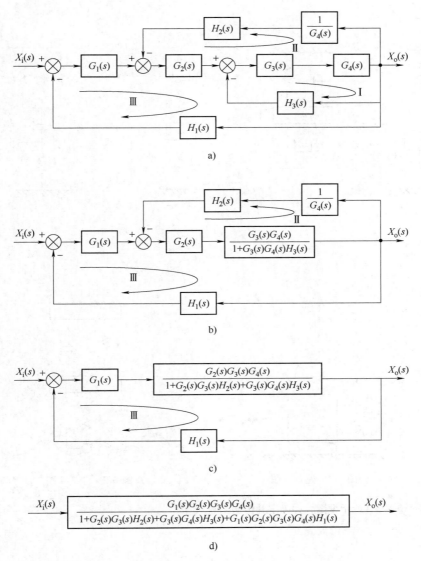

图 3-4-15　例 3-4-1 框图简化

思考题

3-1　什么是线性系统？其最重要的特性是什么？如果 x_o 表示系统输出，x_i 表示系统输入，则下列微分方程表示的系统中，哪些是线性系统？

（1）$\ddot{x}_o + x_o \dot{x}_o + x_o = x_i$　　　　（2）$\ddot{x}_o + \dot{x}_o + t x_o = x_o$　　　　（3）$\ddot{x}_o + \dot{x}_o + x_o = x_i$

3-2　如题图 3-1 所示的 4 个机械系统，判断系统的输入与输出，并求出系统的传递函数。

3-3　如题图 3-2 所示机械系统，$x_i(t)$ 为位移输入，$x_o(t)$ 为位移输出。试求系统的传递函数。

3-4　如题图 3-3 所示为汽车或摩托车悬挂系统的简化物理模型，位移 x 为输入量，位移 y 为输出量，求系统的传递函数 $Y(s)/X(s)$。

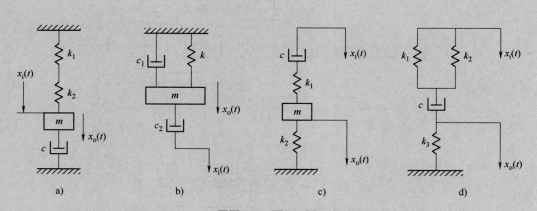

题图 3-1 题 3-2 图

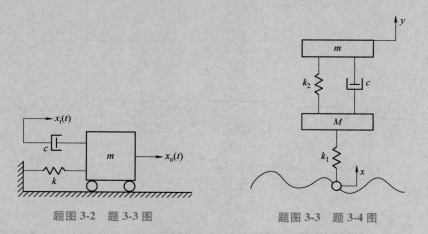

题图 3-2 题 3-3 图   题图 3-3 题 3-4 图

3-5 化简题图 3-4 所示框图,并确定其传递函数。

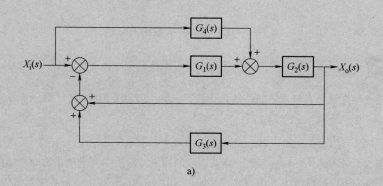

a)

题图 3-4 题 3-5 图

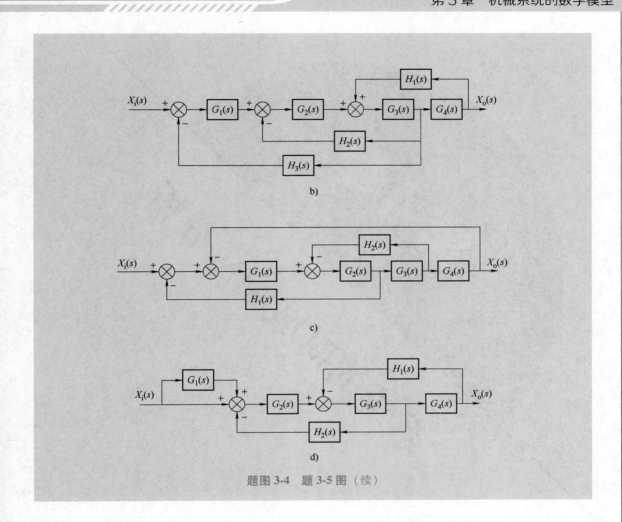

题图 3-4　题 3-5 图（续）

第4章

系统的时域响应分析

　　衡量自动控制系统性能的指标有 3 个：稳定性、快速性、准确性，也就是我们常说的稳、快、准。对于低阶的系统，一般使用时域分析法来考察这些性能会很直接简便，可以直接解出响应曲线，再找到参数和对应性能之间的关系，就可以进行系统分析和校正、设计。本章基于第 3 章的内容，在建立了系统的数学模型后，首先讨论了系统的时间响应及其组成，其次介绍典型的输入信号，以便采用典型输入信号进行时间响应分析，由于任何高阶系统均可化为零阶、一阶、二阶系统等的组合，因此随后对一阶、二阶系统的典型时间响应进行分析，在此基础上，获得了系统的时域瞬态响应性能指标。

4.1　时域响应组成以及典型信号输入

4.1.1　时域响应及组成

　　系统的时域输出（图 4-1-1）可利用拉普拉斯逆变换求解。

　　为了明确地了解系统的时间响应及其组成，以最简单的振动系统，即无阻尼的单自由度系统为例。

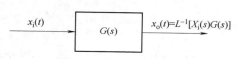

图 4-1-1　系统的时域输出

　　如图 4-1-2a 所示，质量为 m 的质量块、阻尼系数为 c 的阻尼器与刚度为 k 的弹簧组成的单自由度系统在外力 $f(t)$ 的作用下，系统的动力学方程即为如下的线性常微分方程：

$$m\ddot{x}(t) + c\dot{x}(t) + kx(t) = f(t)$$

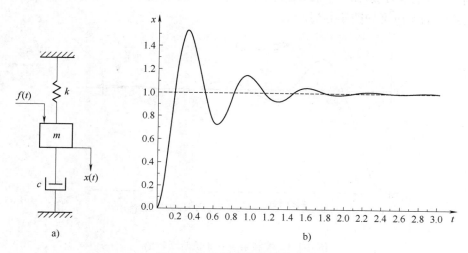

图 4-1-2　单自由度系统的响应

进行拉普拉斯变换并整理，得

$$ms^2X(s) + csX(s) + kX(s) = F(s)$$

进而获得系统的传递函数为

$$G(s) = \frac{X(s)}{F(s)} = \frac{1}{ms^2 + cs + k}$$

若 $m=1\text{kg}$，$c=4\text{N}/(\text{m} \cdot \text{s}^{-1})$，$k=100\text{N/m}$，$f(t)=100\text{N}$，利用拉普拉斯逆变换获得系统零初始状态下的响应为

$$x(t) = -e^{-2t}\cos(4\sqrt{6}\,t) - \frac{\sqrt{6}}{12}e^{-2t}\sin(4\sqrt{6}\,t) + 1$$

利用 MATLAB 求解过程如下：

```
%图 4-1-2 所示系统的瞬态响应 MATLAB 仿真
syms t;                    %使用 syms 定义变量
m=1;k=100;c=4;             %定义系统各参数
f=100+0*t;                 %输入函数
F = laplace(f);            %100(t)拉普拉斯变换得到 F(s)
disp(F);                   %显示 F(s)

G = 1/(m*s^2+c*s+k);       %定义系统的传递函数
x = ilaplace(G*F);         %X(s)=G(s)F(s),并通过逆变换求 x(t)
disp(x);                   %显示 x(t)
ezplot(x);                 %绘制图像
xlim([0,3])
ylim([0,1.6])
grid on
```

其响应图如图 4-1-2b 所示。该响应图反映了欠阻尼系统在阶跃信号下的响应特点，一般来说，系统的响应可如图 4-1-3 所示。

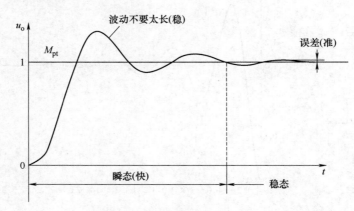

图 4-1-3 控制系统的单位阶跃响应

系统响应由瞬态响应（稳、快）与稳态响应（准）组成。瞬态响应反映了系统在某一输入信号作用下其输出量从初始状态到稳定状态的响应过程，体现了系统的稳定性、快速性特性。稳态响应反映了当某一信号输入时，系统在时间趋于无穷大时的输出状态，体现了系统的准确性特性。

稳态也称为静态，瞬态响应也称为过渡过程。

在分析瞬态响应时，往往选择典型输入信号，这有如下好处：

1）数学处理简单，给定典型信号下的性能指标，便于分析和综合系统。

2）典型输入的响应往往可以作为分析复杂输入时系统性能的基础。

3）根据典型信号输入得到的输出，便于进行系统辨识，确定未知环节的传递函数。

4.1.2　典型输入信号

实际系统中，输入虽然是多种多样的，但均可分为确定性信号和非确定性信号。由于系统的输入具有多样性，所以，在分析和设计系统时，需要规定一些典型输入信号，然后比较各系统对典型输入信号的时间响应。

1. 阶跃信号

阶跃信号指输入变量有一个突然的定量变化，例如输入量的突然加入或突然停止等，如图 4-1-4 所示，其数学表达式为

$$x_i(t) = \begin{cases} a & t \geq 0 \\ 0 & t < 0 \end{cases}$$

式中，a 为常数。$a=1$ 时为单位阶跃信号，也写为 $1(t)$。

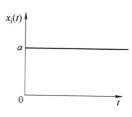

图 4-1-4　阶跃信号

2. 斜坡信号

斜坡信号指输入变量是等速度变化的，如图 4-1-5 所示，其数学表达式为

$$x_i(t) = \begin{cases} at & t \geq 0 \\ 0 & t < 0 \end{cases}$$

其中，a 为常数。$a=1$ 时为单位斜坡信号。

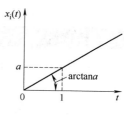

图 4-1-5　斜坡信号

3. 加速度信号

加速度信号指输入变量是等加速度变化的，如图 4-1-6 所示，其数学表达式为

$$x_i(t) = \begin{cases} at^2 & t \geq 0 \\ 0 & t < 0 \end{cases}$$

式中，a 为常数。当 $a = \dfrac{1}{2}$ 时，为单位加速度函数。

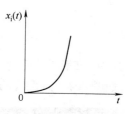

图 4-1-6　加速度信号

4. 脉冲信号

脉冲信号如图 4-1-7 所示，其数学表达式为

$$x_i(t) = \begin{cases} \lim\limits_{t \to 0^+} \dfrac{a}{t_0} & 0 \leq t \leq t_0 \\ 0 & t < 0 \text{ 或 } t > t_0 \end{cases}$$

式中，a 为常数。当 $a=1$ 时，为单位脉冲函数，也写为 $\delta(t)$。

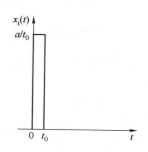

图 4-1-7　脉冲信号

5. 正弦信号

正弦信号如图 4-1-8 所示，其数学表达式为

$$x_i(t) = \begin{cases} a\sin\omega t & t \geq 0 \\ 0 & t < 0 \end{cases}$$

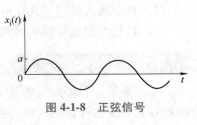

图 4-1-8　正弦信号

选择哪种函数作为典型输入信号，应视不同系统的具体工作状况而定。例如，如果控制系统的输入量是随时间逐渐变化的函数，像机床、雷达天线、火炮、控温装置等，以选择斜坡函数较为合适；如果控制系统的输入量是冲击量，像导弹发射，以选择脉冲函数较为适当；如果控制系统的输入量是随时间变化的往复运动，像研究机床振动，以选择正弦函数为好；如果控制系统的输入量是突然变化的，像突然合电、断电，则选择阶跃函数为宜。值得注意的是，时域的性能指标往往是选择阶跃函数作为输入来定义的；而用正弦函数作典型输入多用于对系统频域响应特性进行分析。

4.2　一阶系统的瞬态响应

4.2.1　一阶系统

可用一阶微分方程描述的系统称为一阶系统。其微分方程和传递函数的一般形式为

$$T\frac{\mathrm{d}x_o(t)}{\mathrm{d}t} + x_o(t) = x_i(t)$$

初始为零时

$$TsX_o(s) + X_o(s) = X_i(s)$$

$$G(s) = \frac{X_o(s)}{X_i(s)} = \frac{1}{Ts+1}$$

式中，T 称为一阶系统的时间常数，它表达了一阶系统本身的与外界作用无关的固有特性，故也称为一阶系统的特征参数。

4.2.2　一阶系统典型输入信号的响应

一阶系统如图 4-2-1 所示。

1. 单位阶跃响应

当系统的输入信号为单位阶跃函数时，即

$$x_i(t) = 1(t)$$

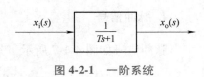

图 4-2-1　一阶系统

其象函数为

$$X_i(s) = \frac{1}{s}$$

输出信号的复数域可表示为

$$X_o(s) = G(s)X_i(s) = \frac{1}{Ts+1} \cdot \frac{1}{s} = \frac{1/\tau}{(s+1/T)s} = \frac{1}{s} - \frac{1}{s+\frac{1}{T}}$$

进行拉普拉斯逆变换，进而可以获得

$$x_o(t) = (1-e^{-\frac{1}{T}t}) \cdot 1(t) \tag{4-2-1}$$

根据式（4-2-1），即可得出单位阶跃输入情况下系统任意时刻的输出值，表 4-2-1 给出了一些典型时刻的输出数据。

表 4-2-1　一阶惯性环节的单位阶跃响应

t	0	T	$2T$	$3T$	$4T$	$5T$	...	∞
$x_o(t)$	0	0.632	0.865	0.95	0.982	0.993	...	1

一阶系统在单位阶跃输入下的响应曲线如图 4-2-2 所示。可见一阶系统是平稳的，无振荡。一阶系统的快速性取决于时间参数 T，经过时间 T，曲线上升到 0.632 的高度，据此用实验的方法测出响应曲线达到稳态值的 63.2% 高度点所用的时间，T 常常称为一阶系统的时间常数；在 $t=0$ 处，响应曲线的切线斜率为 $1/T$。

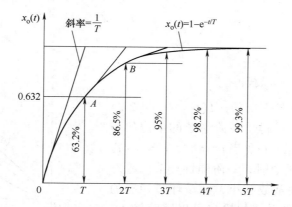

图 4-2-2　一阶系统的单位阶跃响应曲线

```
%利用 MATLAB 中的多项式函数求一阶系统 1/(0.2s+1) 的单位阶跃响应
%方法 1
num = [1];              %传递函数中分子的多项式系数
den = [0.2 1];          %传递函数中分母的多项式系数
G = tf(num,den)         %显示传递函数
step(num,den);          %求该传递函数在单位阶跃下的响应
grid on
%方法 2
num = [1];              %传递函数中分子的多项式系数
den = [0.2 1];          %传递函数中分母的多项式系数
G = tf(num,den)         %显示传递函数
t = 0:0.05:1;           %求该传递函数在单位阶跃下的响应
```

```
xi=1+0*t;                    %输入函数
xo=lsim(num,den,xi,t);       %输出函数
plot(t,xi,'--r',t,xo,'-b')
grid on
xlabel('时间(s)')
ylabel('输出')
legend('x_i(t)','x_o(t)')
```

2. 单位斜坡响应

系统的输入信号为单位阶跃函数时，即

$$x_i(t) = t \cdot 1(t)$$

其象函数为

$$X_i(s) = \frac{1}{s^2}$$

输出信号的复数域可表示为

$$X_o(s) = \frac{1}{s^2} - \frac{T}{s} + \frac{T}{s + \frac{1}{T}}$$

进行拉普拉斯逆变换，可以获得

$$x_o(t) = (t - T + Te^{-\frac{1}{T}t}) \cdot 1(t) \qquad (4\text{-}2\text{-}2)$$

根据式（4-2-2），可得出一阶系统的单位斜坡响应曲线如图 4-2-3 所示。可见当 $t = \infty$ 时，$e(\infty) = T$。故当输入为单位斜坡函数时，一阶惯性环节的稳态误差为 T。显然，时间常数越小，则该环节稳态的误差越小。这说明一阶系统的输出可以跟踪输入，但为有差跟踪，跟踪误差大小取决于 T，T 越小越好。

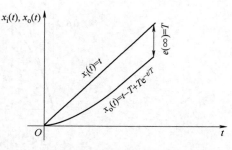

图 4-2-3　一阶系统的单位斜坡响应曲线

```
%利用 MATLAB 中的多项式函数求一阶系统 1/(0.2s+1) 的单位斜坡响应
num = [1];                   %传递函数中分子的多项式系数
den = [0.2 1];               %传递函数中分母的多项式系数
t = 0:0.01:1;                %求该传递函数在单位阶跃下的响应
xi=t;                        %输入函数
xo=lsim(num,den,xi,t);       %输出函数
plot(t,xi,'--r',t,xo,'-b')
grid on
xlabel('时间(s)')
ylabel('输出')
legend('x_i(t)','x_o(t)')
```

3. 单位脉冲信号

系统的输入信号为单位阶跃函数时，即

$$x_i(t) = \delta(t)$$

其象函数为

$$X_i(s) = 1$$

输出信号的复数域可表示为

$$X_o(s) = \frac{X_o(s)}{X_i(s)}X_i(s) = \frac{1}{Ts+1} \times 1 = \frac{1/T}{s+(1/T)}$$

进行拉普拉斯逆变换，进而可以获得

$$x_o(t) = \frac{1}{T}e^{-\frac{1}{T}t} \cdot 1(t) \qquad (4\text{-}2\text{-}3)$$

根据式（4-2-3），可得出一阶系统的单位脉冲响应曲线如图 4-2-4 所示。一阶系统的单位脉冲响应反映了系统的抗干扰能力，其衰减干扰的时间长短取决于 T，T 越小越好。

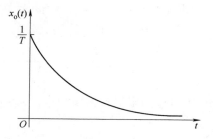

图 4-2-4　一阶系统的单位脉冲响应曲线

```
%利用 MATLAB 中的多项式函数求一阶系统 1/(0.2s+1)的单位脉冲响应
num=[1];              %传递函数中分子的多项式系数
den=[0.2 1];          %传递函数中分母的多项式系数
impulse(num,den);     %求该传递函数在单位阶跃下的响应
grid on
```

4.3　二阶系统的瞬态响应

4.3.1　二阶系统

可用二阶微分方程描述的系统称为二阶系统。其微分方程和传递函数的一般形式为

$$T^2\ddot{x}_o(t) + 2\zeta T\dot{x}_o(t) + x_o(t) = x_i(t)$$

初始为零时

$$G(s) = \frac{1}{T^2s^2 + 2\zeta Ts + 1} = \frac{\omega_n^2}{s^2 + 2\zeta\omega_n s + \omega_n^2}$$

式中，ζ 为二阶系统的阻尼比；ω_n 为二阶系统的无阻尼固有频率，$\omega_n = 1/T$。

4.3.2　二阶系统典型输入信号的响应

二阶系统如图 4-3-1 所示。

1. 单位阶跃响应

当 ζ 不同时，二阶系统的响应特点不同，下面针对不同的阻尼比分别进行讨论。

1）当 $\zeta = 0$ 时，称为零阻尼。此时，二阶系统的极点为一对共轭虚根，其传递函数可表示为

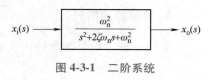

图 4-3-1　二阶系统

$$X_o(s) = \frac{X_o(s)}{X_i(s)}X_i(s) = \frac{\omega_n^2}{s^2 + \omega_n^2}\frac{1}{s} = \frac{1}{s} - \frac{s}{s^2 + \omega_n^2}$$

进行拉普拉斯逆变换，得

$$x_o(t) = (1 - \cos\omega_n t)\cdot 1(t)$$

其响应曲线如图 4-3-2 所示。由图 4-3-2 可见，系统为无阻尼等幅振荡。

2）当 $0 < \zeta < 1$ 时，称为欠阻尼。此时，二阶系统的极点一定是一对共轭复根，可表示为

$$\frac{X_o(s)}{X_i(s)} = \frac{\omega_n^2}{(s + \zeta\omega_n + j\zeta\omega_d)(s + \zeta\omega_n - j\zeta\omega_d)}$$

式中，ω_d 为阻尼自振角频率，$\omega_d = \omega_n\sqrt{1 - \zeta^2}$。单位阶跃输入的象函数为 $X_i(s) = \dfrac{1}{s}$，则

$$X_o(s) = \frac{X_o(s)}{X_i(s)}X_i(s) = \frac{1}{s} - \frac{s + \zeta\omega_n}{(s + \zeta\omega_n)^2 + \omega_d^2} - \frac{\zeta\omega_n}{(s + \zeta\omega_n)^2 + \omega_d^2}$$

进行拉普拉斯逆变换，得

$$x_o(t) = \left[1 - \frac{e^{-\zeta\omega_n t}}{\sqrt{1 - \zeta^2}}\sin\left(\omega_d t + \arctan\frac{\sqrt{1 - \zeta^2}}{\zeta}\right)\right]\cdot 1(t) \tag{4-3-1}$$

由式（4-3-1）可知，当 $0 < \zeta < 1$ 时，二阶系统的单位阶跃响应是以 ω_d 为角频率衰减振荡，其响应曲线如图 4-3-3 所示。由图 4-3-3 可见，随着 ζ 的减小，其振荡幅度加大。

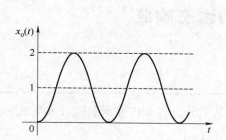

图 4-3-2　无阻尼二阶系统的单位阶跃响应

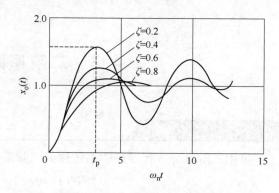

图 4-3-3　欠阻尼二阶系统的单位阶跃响应

3）当 $\zeta = 1$ 时，称为临界阻尼。此时，二阶系统的极点是二重实根，可表示为

$$\frac{X_o(s)}{X_i(s)} = \frac{\omega_n^2}{(s + \omega_n)^2}$$

则

$$X_o(s) = \frac{X_o(s)}{X_i(s)}X_i(s) = \frac{\omega_n^2}{(s + \omega_n)^2}\frac{1}{s} = \frac{1}{s} - \frac{\omega_n}{(s + \omega_n)^2} - \frac{1}{s + \omega_n}$$

进行拉普拉斯逆变换，得

$$x_o(t) = (1 - \omega_n t e^{-\omega_n t} - e^{-\omega_n t})\cdot 1(t)$$

其响应曲线如图 4-3-4 所示。由图 4-3-4 可见，该响应没有超调，近似为一阶系统。

4）当 $\zeta>1$ 时，称为过阻尼。此时，过阻尼二阶系统的极点是两个负实根，可表示为

$$\frac{X_o(s)}{X_i(s)} = \frac{\omega_n^2}{(s+\zeta\omega_n+\omega_n\sqrt{\zeta^2-1})(s+\zeta\omega_n-\omega_n\sqrt{\zeta^2-1})}$$

则

$$X_o(s) = \frac{X_o(s)}{X_i(s)}X_i(s) = \frac{1}{s} - \frac{\dfrac{1}{2(-\zeta^2-\zeta\sqrt{\zeta^2-1}+1)}}{s+\zeta\omega_n+\omega_n\sqrt{\zeta^2-1}} - \frac{\dfrac{1}{2(-\zeta^2+\zeta\sqrt{\zeta^2-1}+1)}}{s+\zeta\omega_n-\omega_n\sqrt{\zeta^2-1}}$$

进行拉普拉斯逆变换，得

$$x_o(t) = 1 - \frac{1}{2(-\zeta^2+\zeta\sqrt{\zeta^2-1}+1)}e^{-(\zeta-\sqrt{\zeta^2-1})\omega_n t}$$
$$- \frac{1}{2(-\zeta^2-\zeta\sqrt{\zeta^2-1}+1)}e^{-(\zeta+\sqrt{\zeta^2-1})\omega_n t} \cdot 1(t)$$

其响应曲线如图 4-3-5 所示。由图 4-3-5 可见，系统没有超调，且过渡过程时间较长。

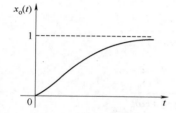

图 4-3-4　临界阻尼二阶系统的单位阶跃响应　　图 4-3-5　过阻尼二阶系统的单位阶跃响应

一般对于二阶机械系统，其阻尼比满足 $0<\zeta<1$，平稳性和快速性取决于 ζ 和 ω_n。

```
%利用 MATLAB 中的多项式函数求二阶系统的单位阶跃响应
wn=1;zeta=0.4;
num=[wn^2];                 %传递函数中分子的多项式系数
den=[1 2*zeta*wn wn^2];     %传递函数中分母的多项式系数
G= tf(num,den)             %显示传递函数
step(num,den);             %求该传递函数在单位阶跃下的响应
grid on
```

2. 单位斜坡响应

1）当 $0<\zeta<1$ 时

$$X_o(s) = \frac{X_o(s)}{X_i(s)}X_i(s) = \frac{\omega_n^2}{(s+\zeta\omega_n+j\omega_d)(s+\zeta\omega_n-j\omega_d)}\frac{1}{s^2}$$
$$= \frac{\omega_n^2}{s^2\left[(s+\zeta\omega)^2+(\omega_n\sqrt{1-\zeta^2})^2\right]}$$

进行拉普拉斯逆变换，得

$$x_o(t) = \left[t - \frac{2\zeta}{\omega_n} + \frac{e^{-\zeta\omega_n t}}{\omega_0\sqrt{1-\zeta^2}}\sin\left(\omega_n\sqrt{1-\zeta^2}\,t + 2\arctan\frac{\sqrt{1-\zeta^2}}{\zeta}\right)\right] \cdot 1(t)$$

又因为

$$\tan\left(2\arctan\frac{\sqrt{1-\zeta^2}}{\zeta}\right) = \frac{2\tan\left(\arctan\dfrac{\sqrt{1-\zeta^2}}{\zeta}\right)}{1-\tan^2\left(\arctan\dfrac{\sqrt{1-\zeta^2}}{\zeta}\right)} = \frac{2\zeta\sqrt{1-\zeta^2}}{2\zeta^2-1}$$

所以

$$x_o(t) = \left[t - \frac{2\zeta}{\omega_n} + \frac{e^{-\zeta\omega_n t}}{\omega_n\sqrt{1-\zeta^2}}\sin\left(\omega_n\sqrt{1-\zeta^2}\,t + \arctan\frac{2\zeta\sqrt{1-\zeta^2}}{2\zeta^2-1}\right)\right] \cdot 1(t)$$

当时间 $t \to \infty$ 时，其误差为

$$e(\infty) = \lim_{t \to \infty}\left[x_i(t) - x_o(t)\right] = \frac{2\zeta}{\omega_n}$$

其响应曲线如图 4-3-6 所示。随着 ζ 的减小，其振荡幅度加大。

2）当 $\zeta = 1$ 时

$$X_o(s) = \frac{X_o(s)}{X_i(s)}X_i(s) = \frac{\omega_n^2}{(s+\omega_n)^2}\frac{1}{s^2}$$

$$= \frac{1}{s^2} - \frac{\dfrac{2}{\omega_n}}{s} + \frac{1}{(s+\omega_n)^2} + \frac{\dfrac{2}{\omega_n}}{s+\omega_n}$$

进行拉普拉斯逆变换，得

$$x_o(t) = \left(t - \frac{2}{\omega_n} + te^{-\omega_n t} + \frac{2}{\omega_n}e^{-\omega_n t}\right) \cdot 1(t)$$

当时间 $t \to \infty$ 时，其误差为

$$e(\infty) = \lim_{t \to \infty}\left[x_i(t) - x_o(t)\right] = \frac{2}{\omega_n}$$

其响应曲线如图 4-3-7 所示。

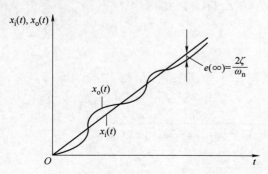

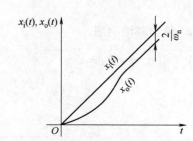

图 4-3-6　欠阻尼二阶系统单位斜坡响应曲线　　　图 4-3-7　临界阻尼二阶系统单位斜坡响应曲线

3）当 $\zeta > 1$ 时

$$X_o(s) = \frac{X_o(s)}{X_i(s)}X_i(s) = \frac{\omega_n^2}{(s+\zeta\omega_n+\omega_n\sqrt{\zeta^2-1})(s+\zeta\omega_n-\omega_n\sqrt{\zeta^2-1})}\frac{1}{s^2}$$

$$= \frac{1}{s^2}-\frac{2\zeta}{\omega_n s}+\frac{\dfrac{2\zeta^2+2\zeta\sqrt{\zeta^2-1}-1}{2\omega_n\sqrt{\zeta^2-1}}}{s+\zeta\omega_n-\omega_n\sqrt{\zeta^2-1}}-\frac{\dfrac{2\zeta^2-2\zeta\sqrt{\zeta^2-1}-1}{2\omega_n\sqrt{\zeta^2-1}}}{s+\zeta\omega_n+\omega_n\sqrt{\zeta^2-1}}$$

进行拉普拉斯逆变换，得

$$x_o(t) = \left[t-\frac{2\zeta}{\omega_n}+\frac{2\zeta^2+2\zeta\sqrt{\zeta^2-1}-1}{2\omega_n\sqrt{\zeta^2-1}}e^{-(\zeta-\sqrt{\zeta^2-1})\omega_n t}-\right.$$
$$\left.\frac{2\zeta^2-2\zeta\sqrt{\zeta^2-1}-1}{2\omega_n\sqrt{\zeta^2-1}}e^{-(\zeta+\sqrt{\zeta^2-1})\omega_n t}\right]\cdot 1(t)$$

当时间 $t\to\infty$ 时，其误差为

$$e(\infty) = \lim_{t\to\infty}[x_i(t)-x_o(t)]=\frac{2\zeta}{\omega_n}$$

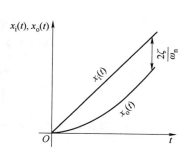

图 4-3-8　过阻尼二阶系统单位斜坡响应曲线

其响应曲线如图 4-3-8 所示。

由以上分析可知，二阶系统输出可以跟踪输入。跟踪误差取决于 ζ 和 ω_n，ω_n 越大，跟踪性越好。

```
%利用 MATLAB 中的多项式函数求二阶系统的单位斜坡响应
wn=1;zeta=0.4;                  %设置无阻尼固有频率与阻尼比
num=[wn^2];                     %传递函数中分子的多项式系数
den=[1 2*zeta*wn wn^2];         %传递函数中分母的多项式系数
G= tf(num,den)                  %显示传递函数
t = 0:0.01:8;                   %求该传递函数在单位阶跃下的响应
xi=t;                           %输入函数
xo=lsim(num,den,xi,t);          %输出函数
plot(t,xi,'--r',t,xo,'-b')
grid on
xlabel('时间/s')
ylabel('输出')
legend('x_i(t)','x_o(t)')
```

4.4　系统时域瞬态响应性能指标的计算

4.4.1　一阶系统的时域瞬态响应性能指标

时域分析中的性能指标是以系统对单位阶跃输入的瞬态响应形式给出的。一阶系统的瞬

态响应性能指标如图 4-4-1 所示。

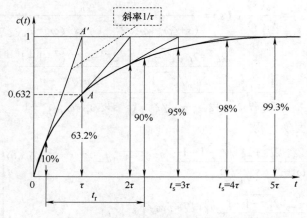

图 4-4-1　一阶系统的瞬态响应性能指标

一阶系统的瞬态响应性能指标包括：

1. 上升时间 t_r

上升时间指单位阶跃输入作用下，响应曲线从稳态值的 10% 上升到稳态值的 90% 所需的时间。

由单位阶跃响应曲线公式有

$$c(t) = 1 - e^{-t/\tau} = 0.9 \Rightarrow t = 2.31\tau$$
$$c(t) = 1 - e^{-t/\tau} = 0.1 \Rightarrow t = 0.11\tau$$

于是有

$$t_r = 2.31\tau - 0.11\tau = 2.2\tau$$

2. 调整时间 t_s

调整时间指单位阶跃输入作用下，响应曲线达到并一直保持在允许误差范围内的最短时间。通常取响应从零开始，达到与稳态值之差为 ±5% 或 ±2% 所用的时间。

由单位阶跃响应曲线公式有

$$c(t) = 1 - e^{-t/\tau} = 0.95 \Rightarrow t_s = 3\tau$$
$$c(t) = 1 - e^{-t/\tau} = 0.98 \Rightarrow t_s = 4\tau$$

于是有

$$当 \Delta = 2\% 时, t_s = 4T$$
$$当 \Delta = 5\% 时, t_s = 3T$$

```
%一阶系统的时域瞬态响应性能指标计算的 MATLAB 程序示例
%定义系统传递函数
T=0.2;
num=[1];
```

```
den=[T 1];
G = tf(num,den);

%绘制系统阶跃响应
figure(1);
step(G);

%计算上升时间
[y,t] = step(G);
index1 = find(y>=0.1, 1, 'first');
index2 = find(y<=0.9, 1, 'last');
tr = t(index2) - t(index1);
fprintf('上升时间为%.3f\n', tr);

%计算调整时间
OS_criteria = 0.02; %设定误差范围
index_OS_end = find(y<=(1-OS_criteria), 1, 'last');
ts = t(index_OS_end);
fprintf('调整时间为%.3f\n', ts);
```

4.4.2　二阶系统的时域瞬态响应性能指标

二阶系统的瞬态响应性能指标如图 4-4-2 所示。

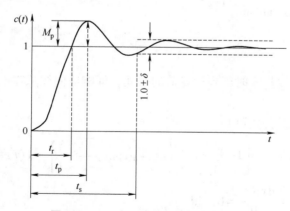

图 4-4-2　二阶系统的瞬态响应性能指标

二阶系统的瞬态响应性能指标包括：

1. 上升时间 t_r

上升时间指响应曲线从零时刻首次到达稳态值的时间，即响应曲线从零上升到稳态值所需的时间。

由单位阶跃响应曲线公式可知

$$x_o(t) = \left[1 - \frac{e^{-\zeta\omega_n t}}{\sqrt{1-\zeta^2}} \sin\left(\omega_d t + \arctan\frac{\sqrt{1-\zeta^2}}{\zeta}\right) \right] \cdot 1(t)$$

将 $x_o(t_r) = 1$ 代入，得

$$1 = 1 - \frac{e^{-\zeta\omega_n t_r}}{\sqrt{1-\zeta^2}} \sin\left(\omega_d t_r + \arctan\frac{\sqrt{1-\zeta^2}}{\zeta}\right)$$

因为

$$e^{-\zeta\omega_n t_r} \neq 0$$

所以

$$\sin\left(\omega_d t_r + \arctan\frac{\sqrt{1-\zeta^2}}{\zeta}\right) = 0$$

由于上升时间是输出响应首次达到稳定值的时间，故

$$\omega_d t_r + \arctan\frac{\sqrt{1-\zeta^2}}{\zeta} = \pi$$

所以

$$t_r = \frac{1}{\omega_d}\left(\pi - \arctan\frac{\sqrt{1-\zeta^2}}{\zeta}\right) = \frac{1}{\omega_n\sqrt{1-\zeta^2}}(\pi - \arccos\zeta)$$

也可以简写为

$$t_r = \frac{\pi - \beta}{\omega_d}$$

式中，$\omega_d = \omega_n\sqrt{1-\zeta^2}$，$\beta = \arctan\frac{\sqrt{1-\zeta^2}}{\zeta}$。

2. 峰值时间 t_p

峰值时间指响应曲线从零时刻到达峰值的时间，即响应曲线从零上升到第一个峰值点所需要的时间。

由单位阶跃响应曲线公式可知

$$x_o(t) = \left[1 - \frac{e^{-\zeta\omega_n t}}{\sqrt{1-\zeta^2}} \sin\left(\omega_d t + \arctan\frac{\sqrt{1-\zeta^2}}{\zeta}\right) \right] \cdot 1(t)$$

峰值点为极值点，令 $\dfrac{dx_o(t)}{dt} = 0$，得

$$\frac{\zeta\omega_n e^{-\zeta\omega_n t_p}}{\sqrt{1-\zeta^2}}\sin(\omega_d t_p + \theta) - \frac{\omega_d e^{-\zeta\omega_n t_p}}{\sqrt{1-\zeta^2}}\cos(\omega_d t_p + \theta) = 0$$

因为

$$e^{-\zeta\omega_n t_p} \neq 0$$

所以

$$\tan(\omega_d t_p + \theta) = \frac{\omega_d}{\zeta\omega_n} = \tan\theta$$

$$\omega_d t_p = \pi$$

即

$$t_p = \frac{\pi}{\omega_d} = \frac{\pi}{\omega_n \sqrt{1-\zeta^2}}$$

3. 调整时间 t_s

调整时间指响应曲线达到并一直保持在允许误差范围内（一般取 ±5% 或 ±2%）的最短时间。

由单位阶跃响应曲线公式可知欠阻尼二阶系统输出解为

$$x_o(t) = \left[1 - \frac{e^{-\zeta\omega_n t}}{\sqrt{1-\zeta^2}} \sin\left(\omega_d t + \arctan\frac{\sqrt{1-\zeta^2}}{\zeta}\right) \right] \cdot 1(t)$$

考虑单调进入误差带，取其包络线（图 4-4-3），求其进入误差带的时间即近似为调整时间。表达包络线的函数为

$$f(t) = 1 \pm \frac{e^{-\zeta\omega_n t}}{\sqrt{1-\zeta^2}}$$

当进入 ±5% 的误差范围，解

$$\frac{e^{-\zeta\omega_n t}}{\sqrt{1-\zeta^2}} = 5\%$$

得

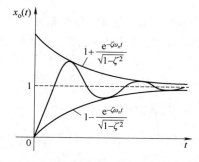

图 4-4-3 二阶系统单位阶跃响应包络线图

$$t_s = \frac{-\ln 0.05 - \ln\sqrt{1-\zeta^2}}{\zeta\omega_n}$$

当阻尼比 ζ 较小时，有

$$t_s \approx \frac{-\ln 0.05}{\zeta\omega_n} \approx \frac{3}{\zeta\omega_n}$$

此时，欠阻尼的二阶系统进入 ±5% 的误差范围。同理，使欠阻尼的二阶系统进入 ±2% 的误差范围，则有

$$t_s \approx \frac{-\ln 0.02}{\zeta\omega_n} \approx \frac{4}{\zeta\omega_n}$$

可见，当阻尼比 ζ 一定时，无阻尼自振角频率 ω_n 越大，调整时间 t_s 越短，即系统响应越快。

另外，由调整时间 t_s 推导还可见，当 ζ 较大时，两式的近似度降低。当允许有一定超调时，工程上一般选择二阶系统阻尼比在 0.5 ~ 1 之间。当 ζ 变小时，ζ 越小，则调整时间 t_s 越长；而当 ζ 变大时，ζ 越大，则调整时间 t_s 越长。

4. 最大超调量 M_p

最大超调量是指单位阶跃输入时，响应曲线的最大峰值与稳态值的差，通常用百分数表示。值得注意的是，这是在单位阶跃输入时定义的，若输入为非单位阶跃信号，一般定义系

统的最大超调量为

$$M_p = \frac{x_o(t_p) - x_o(\infty)}{x_o(\infty)} \times 100\%$$

式中，$x_o(t_p)$ 为最大瞬态响应值；$x_o(\infty)$ 为稳态响应值。

因为最大超调量发生在峰值时间，即 $t = t_p = \pi/\omega_d$ 时，故可求得

$$M_p = x_o(t_p) - 1 = \left[1 - \frac{e^{-\zeta\omega_n\left(\frac{\pi}{\omega_d}\right)}}{\sqrt{1-\zeta^2}} \left(\sqrt{1-\zeta^2}\cos\pi + \zeta\sin\pi \right) \right] - 1 = e^{-\frac{\zeta\pi}{\sqrt{1-\zeta^2}}}$$

可得不同阻尼比的最大超调量，见表 4-4-1。

表 4-4-1　不同阻尼比的最大超调量

ζ	0	0.1	0.2	0.3	0.4	0.5	0.6	0.7	0.8	0.9	1
M_p（%）	100	72.9	52.7	37.2	25.4	16.3	9.5	4.6	1.52	0.15	0

可见，超调量 M_p 只与阻尼比 ζ 有关，而与无阻尼固有频率 ω_n 无关。所以，M_p 的大小直接说明系统的阻尼特性。也就是说，当二阶系统阻尼比 ζ 确定时，即可求得与其相对应的超调量 M_p；反之，如果给出了系统所要求的 M_p，也可由此确定相应的阻尼比。当 $\zeta = 0.4 \sim 0.8$ 时，超调量 $M_p = 1.52\% \sim 25.4\%$。

5. 振荡次数 N

振荡次数指在调整时间 t_s 内响应曲线振荡的次数。根据振动理论，系统的振荡周期是 $2\pi/\omega_d$，所以其振荡次数为

$$N = \frac{t_s}{2\pi/\omega_d}$$

```matlab
%二阶系统的时域瞬态响应性能指标的 MATLAB 代码示例
%定义系统传递函数
wn=1;zeta=0.4;
num=[wn^2];
den=[1 2*zeta*wn wn^2];
G = tf(num,den);

%绘制系统阶跃响应
figure(1);
step(G);

%计算上升时间
[y,t] = step(G);
index = find(y>=1,1,'first');
tr = t(index);
fprintf('上升时间为%.3f\n', tr);
%估算峰值时间和峰值幅值
[peak_value, peak_index] = max(y);
```

```
tp = t(peak_index);
fprintf('峰值时间为%.3f\n', tp);
fprintf('峰值幅值为%.3f\n', peak_value);
%估算最大超调量
Mp = (peak_value - 1) * 100;
fprintf('最大超调量为%.3f%%\n', Mp);
%估算调整时间
OS_criteria = 0.02;%设定误差范围
index_OS_end = find(y<=(1-OS_criteria), 1, 'last');
ts = t(index_OS_end);
fprintf('调整时间为%.3f\n', ts);
```

对于二阶系统，也可以直接采用 stepinfo 函数来获得性能指标参数。

```
%定义系统传递函数
wn=1;zeta=0.4;
num=[wn^2];
den=[1 2*zeta*wn wn^2];
G = tf(num,den);

%性能指标参数
stepinfo(G);
```

思考题

4-1 什么是时间响应？时间响应的瞬态响应反映哪方面的性能？

4-2 已知系统的微分方程描述为 $\dfrac{d^2 y}{d^2 t}+2\mu\dfrac{dy}{dt}+y=x$，$0<\mu<1$。试求单位阶跃输入下的最大超调量和调整时间。

4-3 已知系统的传递函数为 $G(s)=\dfrac{2}{s^2+7s+12}$，求零初始状态下，系统的输入为 $\delta(t)$ 时系统的时域响应。

4-4 已知一阶系统的框图如题图 4-1 所示，反馈系数 $K_t=0.2$。试求：系统的上升时间与调整时间 t_s。如果要求 $t_s\leqslant 0.1s$，试问系统的反馈系数 K_t 至少为多少？此时单位阶跃输入下的稳态输出为多少？

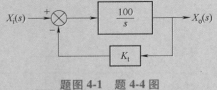

题图 4-1 题 4-4 图

4-5 某系统的闭环传递函数为 $G(s)=\dfrac{1}{0.02s+0.1}$，计算该系统的时间常数、上升时间与调整时间。

4-6 某弹簧-质量-阻尼系统受到一个 2N 的阶跃输入时，质量块的响应曲线如题图 4-2 所示，求出质量 m、阻尼系数 c 和弹簧刚度系数 k 的值。

4-7 某单位反馈系统，其单位阶跃响应曲线如题图 4-3 所示，根据单位阶跃响应曲线确定 K 和 T 的值。

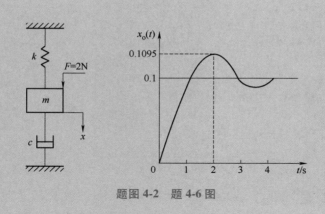

题图 4-2　题 4-6 图

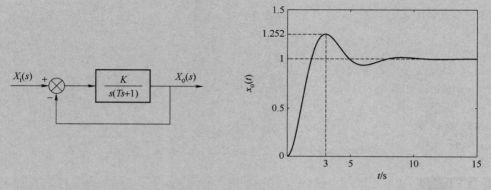

题图 4-3　题 4-7 图

4-8　某单位反馈系统如题图 4-4 所示，求闭环阻尼比 $\zeta = 0.4$ 时的 K 值，并求此 K 值下系统的如下参数：上升时间 t_r、峰值时间 t_p、最大超调量 M_p 和调整时间 t_s（允许稳态误差±5%）。

4-9　某二阶单元负反馈系统的单位阶跃响应曲线如题图 4-5 所示，求其闭环传递函数和开环传递函数。

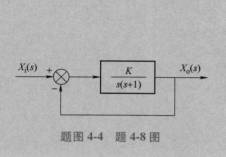

题图 4-4　题 4-8 图

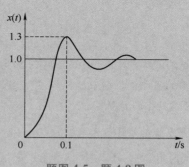

题图 4-5　题 4-9 图

第5章

系统的稳定性分析

一个控制系统能在实际中应用的首要前提是系统必须是稳定的。系统的稳定性分析是控制理论的最重要组成部分之一。控制理论对控制系统的稳定性判定提供了多种方法，本章主要介绍图解判定方法，即通过系统的开环频率特性来判断相应的闭环系统的稳定性的方法。

5.1 频率特性的基本概念

时域的瞬态响应法是分析控制系统的直接方法，比较直观。但是不借助计算机时，对于高阶系统的分析是十分复杂、烦琐的。因此，发现了一些其他分析控制系统的方法。频域法就是经典控制理论广泛使用的一种间接方法，它也是一种图解法，其依据的是系统的另一种数学模型——频率特性。频域法就是用控制系统的开环频率特性分析闭环控制系统的各种特性，因为系统开环频率特性是容易绘制或是通过实验获得的。

5.1.1 频率特性的基本概念

1. 频率响应

线性定常系统对谐波信号的稳态响应，称为频率响应。线性定常系统对谐波信号的稳态响应是与输入的频率相同的谐波信号，但幅值和相位与输入量不同。

【**例 5-1-1**】 某机械系统如图 5-1-1 所示，其中，k 为弹簧刚度，单位为 N/m，c 为阻尼系数，单位为 N·s/m，输入信号为外力$f_i(t) = F\sin\omega t$，求其输出位移的稳态值。其中 F 为输入外力的幅值，单位为 N。

解： 该系统的传递函数为

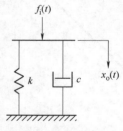

$$G(s) = \frac{X_o(s)}{F_i(s)} = \frac{1}{cs+k} = \frac{1/k}{Ts+1}$$

式中，T 为系统的时间常数，$T=c/k$，单位为 s；$F_i(s)$ 是$f_i(t)$的拉普拉斯变换，$F_i(s)$ 的表达式为

图 5-1-1 某机械系统

$$F_i(s) = \frac{F\omega}{s^2+\omega^2}$$

将其代入传递函数的表达式，可得输出信号$x_o(t)$的拉普拉斯变换$X_o(s)$为

$$X_o(s) = G(s)F_i(s) = \frac{1/k}{Ts+1} \cdot \frac{F\omega}{s^2+\omega^2} \tag{5-1-1}$$

对式（5-1-1）进行拉普拉斯逆变换可得

$$x_o(t) = \frac{\omega TF/k}{1+\omega^2 T^2}e^{-\frac{1}{T}t} + \frac{F/k}{\sqrt{1+\omega^2 T^2}}\sin(\omega t - \arctan\omega T) \tag{5-1-2}$$

式（5-1-2）右边的第一项为瞬态分量，第二项为稳态分量。当时间 $t \to \infty$，所以瞬态分量衰减为零，所以系统位移输出稳态值为

$$x_\mathrm{o}(t) = \frac{F/k}{\sqrt{1+\omega^2 T^2}}\sin(\omega t - \arctan\omega T) = A(\omega)F\sin\left[\omega t + \varphi(\omega)\right] = A_\mathrm{o}(\omega)\sin\left[\omega t + \varphi(\omega)\right]$$

式中，$\varphi(\omega)$ 为稳态输出与输入信号的相位差，$\varphi(\omega) = -\arctan\omega T$；$A_\mathrm{o}(\omega)$ 为稳态输出的幅值，$A_\mathrm{o}(\omega) = A(\omega)F$，可得

$$A(\omega) = \frac{1/k}{\sqrt{1+\omega^2 T^2}} = \frac{A_\mathrm{o}(\omega)}{F}$$

由例 5-1-1 可以看出，当输入是谐波信号时，系统的稳态输出也是相应的谐波信号，且输出信号的频率与输入信号的频率相同，稳态输出的幅值与输入信号的幅值之比为 $A(\omega)$，相位与输入相位相比滞后了 $\arctan\omega T$，这两个量都与 ω 有关。

对于一般的线性定常系统，都存在上述的特性，即当输入为 $x_\mathrm{i}(t) = A_\mathrm{i}\sin\omega t$ 时，输出的稳态值必然为 $x_\mathrm{o}(t) = A_\mathrm{o}(\omega)\sin\left[\omega t + \varphi(\omega)\right]$。对于输入为非谐波的周期信号的情况，可以利用傅里叶级数将输入信号展开成谐波信号的叠加，此时，其稳态输出也为相应的谐波信号的叠加；当输入为非周期信号时，可以将其看成是周期趋于无穷大的周期信号。因此，系统对于任意信号稳态响应特性的研究，就可以转换成对不同频率的谐波信号的稳态响应特性的研究，可以通过分析系统频率特性来分析系统的稳、准、快等性能指标。

2. 频率特性

频率特性就是指线性定常系统在谐波信号作用下，稳态输出与输入之比对频率的关系特性，用 $G(\mathrm{j}\omega)$ 表示。

由上述可知，线性定常系统在谐波信号作用下，其稳态输出的幅值与输入信号的幅值之比 $A(\omega)$ 是频率 ω 的函数，称其为系统的幅频特性，记为

$$A(\omega) = \frac{A_\mathrm{o}(\omega)}{A_\mathrm{i}} \tag{5-1-3}$$

式中，$A_\mathrm{o}(\omega)$ 为系统稳态输出的幅值；A_i 为系统输入谐波信号的幅值。

定义稳态输出与输入谐波信号的相位差 $\varphi(\omega)$ 为系统的相频特性。规定 $\varphi(\omega)$ 按逆时针旋转为正值，按顺时针旋转为负值。

幅频特性 $A(\omega)$ 与相频特性 $\varphi(\omega)$ 统称为频率特性。频率特性描述了不同频率下，系统传递谐波信号的能力。

```
%模拟系统频率特性的 MATLAB 代码示例
%假设正弦输入为 A * sin(w * t);
% 系统传递函数为 H(s) = (s+1)/(as^2 +bs + c);
%其中,a,b,c 分别为系统的系数。

%定义正弦输入参数
A = 1;  %定义振幅
w = 2*pi*50;  %定义角频率,50Hz
t = linspace(0,0.2,1000);  %生成时间序列

%定义系统参数
```

```
a = 1;
b = 1;
c = 1;

%计算输出信号
s = 1i * w;
H = (s+1)/(a * s^2+b * s+c);
y = A * abs(H) * sin(w * t+angle(H));

%绘图
plot(t,y);
xlabel('时间');
ylabel('输出信号');
```

3. 频率特性的数学表达

（1）复数表示法　频率特性 $G(j\omega)$ 是个复变函数，可以在复平面上以复数形式表示，如图 5-1-2 所示。

将复数 $G(j\omega)$ 用实部和虚部表示，即

$$G(j\omega) = U(\omega)+jV(\omega) \qquad (5\text{-}1\text{-}4)$$

式中，$U(\omega)$ 称为实频特性；$V(\omega)$ 称为虚频特性。

（2）指数表示法

$$G(j\omega) = A(\omega)e^{j\varphi(\omega)} \qquad (5\text{-}1\text{-}5)$$

式中，$A(\omega)$ 为矢量 $G(j\omega)$ 的幅值，即幅频特性；$\varphi(\omega)$ 为其相位，即相频特性。

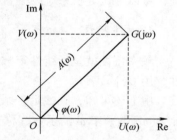

图 5-1-2　$G(j\omega)$ 在复平面的表示

（3）三角函数表示法　根据图 5-1-2 中所示幅值、相位、实频特性、虚频特性间的关系，可得出如下关系：

$$A(\omega) = \left| G(j\omega) \right| = \sqrt{\left[U(\omega) \right]^2+\left[V(\omega) \right]^2} \qquad (5\text{-}1\text{-}6)$$

$$\varphi(\omega) = \angle G(j\omega) = \arctan\frac{V(\omega)}{U(\omega)} \qquad (5\text{-}1\text{-}7)$$

$$U(\omega) = A(\omega)\cos\varphi(\omega)$$

$$V(\omega) = A(\omega)\sin\varphi(\omega)$$

所以有

$$G(j\omega) = A(\omega)\cos\varphi(\omega)+jA(\omega)\sin\varphi(\omega)$$

频率特性的这 3 种表示法都是频率 ω 的函数，可以用曲线表示求出它们随频率的变化关系。

4. 频率特性的求法

频率特性的求法一般有以下 3 种：

1）根据已知系统的传递函数（或微分方程），将输入信号设置为谐波信号，求解其稳

态输出值，稳态输出与输入的谐波信号的复数比即为频率特性，如例 5-1-1 所示。

2）将已知系统传递函数 $G(s)$ 中的复变数 s 用 $j\omega$ 代替，即得频率特性 $G(j\omega)$。

3）通过实验的方法测得频率特性。

工程中经常使用的是后两种方法。有关传递函数的公式对频率特性也适用。

【例 5-1-2】　已知某系统的传递函数如下，求其频率特性、幅频特性及相频特性。

$$G(s) = \frac{K(\tau s+1)}{(T_1 s+1)(T_2 s+1)}$$

解： 令 $s = j\omega$，代入传递函数的表达式，得其频率特性为

$$G(j\omega) = \frac{K(\tau j\omega+1)}{(T_1 j\omega+1)(T_2 j\omega+1)}$$

幅频特性为

$$A(\omega) = |G(j\omega)| = \left| \frac{K(\tau j\omega+1)}{(T_1 j\omega+1)(T_2 j\omega+1)} \right| = \frac{K\sqrt{\tau^2\omega^2+1}}{\sqrt{(T_1^2\omega^2+1)}\sqrt{(T_2^2\omega^2+1)}}$$

相频特性为

$$\varphi(\omega) = \angle G(j\omega) = \arctan(\tau\omega) - \arctan(T_1\omega) - \arctan(T_2\omega)$$

5.2　频率特性的图示法

频率特性的表达方法除前面讲过的数学表达外，还有一种更为直观的表达方式，即图示法。由于频率特性、幅频特性及相频特性均为频率的函数，在工程分析和研究中，通常用曲线表示频率特性随频率的变化关系。常用的图示法有极坐标图〔也称奈奎斯特（Nyquist）图〕和对数坐标图〔也称伯德（Bode）图〕。

5.2.1　频率特性的极坐标图

频率特性 $G(j\omega)$ 作为一个矢量，当频率 ω 从零增加至无穷大时，此矢量的端点在复平面上形成的轨迹，就是频率特性的极坐标图（奈奎斯特图）。对于任意给定的频率 ω_i，矢量 $G(j\omega_i)$ 的长度即幅频特性 $|G(j\omega_i)|$，与正实轴的夹角即其相频特性 $\angle G(j\omega_i)$，矢量 $G(j\omega_i)$ 在实轴与虚轴的投影分别为其实频特性 $U(\omega_i)$ 与虚频特性 $V(\omega_i)$，如图 5-2-1 所示。

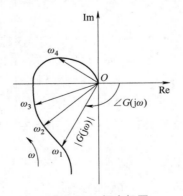

图 5-2-1　极坐标图

```
%绘制极坐标图(奈奎斯特图)的 MATLAB 代码示例

%建立传递函数
num = [1 1];
den = [1 0.01 1];
G = tf(num,den);

%绘制极坐标图
figure();
nyquist(G);

%读取所有频率 w 下的传递函数实部 re 与虚部 im
[re,im,w] = nyquist(G);
%读取指定频率 w0 下的传递函数实部 re 与虚部 im
[re,im] = nyquist(G,w0);

grid on
```

（1）比例环节

$$G(j\omega) = K$$
$$A(\omega) = |G(j\omega)| = K$$
$$\varphi(\omega) = \angle G(j\omega) = 0°$$

其奈奎斯特图如图 5-2-2 所示。

（2）积分环节

$$G(j\omega) = \frac{1}{j\omega}$$

$$A(\omega) = |G(j\omega)| = \frac{1}{\omega}$$

$$\varphi(\omega) = \angle G(j\omega) = -90°$$

其奈奎斯特图如图 5-2-3 所示。

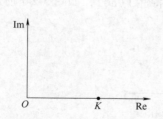

图 5-2-2　比例环节奈奎斯特图

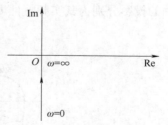

图 5-2-3　积分环节奈奎斯特图

（3）微分环节

$$G(j\omega) = j\omega$$

$$A(\omega) = |G(j\omega)| = \omega$$

$$\varphi(\omega) = \angle G(j\omega) = 90°$$

其奈奎斯特图如图 5-2-4 所示。

（4）一阶惯性环节

$$G(j\omega) = \frac{1}{j\omega T + 1}$$

$$A(\omega) = |G(j\omega)| = \frac{1}{\sqrt{(\omega T)^2 + 1}}$$

$$\varphi(\omega) = \angle G(j\omega) = -\arctan(\omega T)$$

其奈奎斯特图如图 5-2-5 所示，是圆心为（0.5, 0）、半径为 0.5 的半圆。

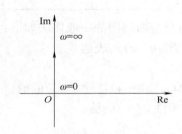

图 5-2-4　微分环节奈奎斯特图

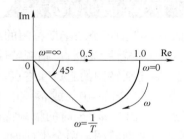

图 5-2-5　一阶惯性环节奈奎斯特图

（5）二阶振荡环节

$$G(j\omega) = \frac{1}{T^2(j\omega)^2 + 2\zeta Tj\omega + 1}$$

$$A(\omega) = |G(j\omega)| = \frac{1}{\sqrt{(1 - T^2\omega^2)^2 + (2\zeta T\omega)^2}}$$

$$\varphi(\omega) = \angle G(j\omega) = \begin{cases} -\arctan\dfrac{2\zeta T\omega}{1 - T^2\omega^2} & \omega \leqslant \dfrac{1}{T} \\ -\pi - \arctan\dfrac{2\zeta T\omega}{1 - T^2\omega^2} & \omega > \dfrac{1}{T} \end{cases}$$

其奈奎斯特图如图 5-2-6 所示。由图 5-2-6 可以看出，阻尼比 ζ 越小，奈奎斯特图与虚轴的交点距离原点越远。

（6）延迟环节

$$G(j\omega) = e^{-j\omega\tau}$$

$$A(\omega) = |G(j\omega)| = 1$$

$$\varphi(\omega) = \angle G(j\omega) = -\omega\tau$$

其奈奎斯特图如图 5-2-7 所示为单位圆。

由图 5-2-7 可以看出，随着 ω 从零增大至无穷大，奈奎斯特图是以原点为圆心，以单位长度 1 为半径的顺时针方向的无穷多个单位圆的重叠组成。

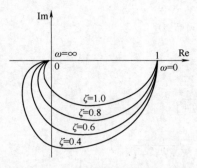

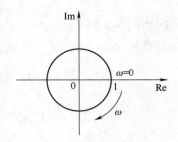

图 5-2-6　二阶振荡环节奈奎斯特图　　　　　图 5-2-7　延迟环节奈奎斯特图

5.2.2　极坐标图的作图方法

由上面所述典型环节奈奎斯特图的绘制，可总结出奈奎斯特图的一般作法如下：

1）写出频率特性 $G(j\omega)$、幅频特性 $A(\omega)$ 和相频特性 $\varphi(\omega)$ 的表达式。

2）找出奈奎斯特图的起点和终点。

①起点：求出当 $\omega=0$（或 $\omega\to0$）时的幅频特性 $A(\omega)$ 和相频特性 $\varphi(\omega)$ 的值。

②终点：求出当 $\omega=\infty$ 时的幅频特性 $A(\omega)$ 和相频特性 $\varphi(\omega)$ 的值。

3）求出奈奎斯特图与两个坐标轴的交点。

①与实轴的交点：由实频特性 $U(\omega)=0$ 关系式求出，或是由相频特性 $\varphi(\omega)=n\times180°$（$n$ 为整数）关系式求出。

②与虚轴的交点：由虚特性 $V(\omega)=0$ 关系式求出，或是由相频特性 $\varphi(\omega)=n\times90°$（$n$ 为奇数）关系式求出；

4）再找出几个 $\omega\in(0,\infty)$ 的中间值，求出相对应的幅频特性 $A(\omega)$ 和相频特性 $\varphi(\omega)$ 的值。

5）按照 ω 由 $0\to\infty$ 的变化顺序将所有点进行连线，勾勒出奈奎斯特图大致形状。

【例 5-2-1】　某系统开环传递函数如下，试绘制其开环奈奎斯特图。

$$G(s)=\frac{1}{s(s+1)(2s+1)}$$

解：系统的频率特性 $G(j\omega)$ 及幅频特性 $A(\omega)$、相频特性 $\varphi(\omega)$ 表达式如下：

$$G(j\omega)=\frac{1}{j\omega(j\omega+1)(2j\omega+1)}$$

$$A(\omega)=\frac{1}{\omega\sqrt{\omega^2+1}\sqrt{(2\omega)^2+1}}$$

$$\varphi(\omega)=-90°-\arctan\omega-\arctan(2\omega)$$

起点：当 $\omega\to0$ 时，$A(\omega)\to\infty$，$\varphi(\omega)=-90°$。

终点：当 $\omega\to\infty$ 时，$A(\omega)=0$，$\varphi(\omega)=-270°$。

交点：由于相位范围在 $-90°\sim-270°$ 之间，故此奈奎斯特图必与实轴的负半轴有交点。

令 $\varphi(\omega)=-180°$，即

$$\varphi(\omega)=-90°-\arctan\omega-\arctan(2\omega)=-180°$$

$$\arctan\omega+\arctan(2\omega)=90°$$

等式两边同取正切，得

$$1-2\omega^2=0$$

解得奈奎斯特图与实轴负半轴的交点的频率值为

$$\omega=\sqrt{0.5}\,\text{rad/s}\approx0.707\text{rad/s}$$

将其代入幅频特性 $A(\omega)$ 表达式，得该交点与坐标原点的距离为

$$A(\sqrt{0.5})=\frac{1}{\sqrt{0.5}\times\sqrt{(\sqrt{0.5})^2+1}\times\sqrt{(2\times\sqrt{0.5})^2+1}}\approx0.67$$

即该交点与负实轴的交点坐标为 $(-0.67,0)$，其奈奎斯特图如图 5-2-8 所示。

通常情况下，控制系统的开环频率特性可以写成以下通式的形式：

$$G(j\omega)=\frac{K(j\omega\tau_1+1)(j\omega\tau_2+1)\cdots(j\omega\tau_m+1)}{(j\omega)^\nu(j\omega T_1+1)(j\omega T_2+1)\cdots(j\omega T_{n-\nu}+1)},n\geqslant m \qquad(5\text{-}2\text{-}1)$$

当 $\nu=0$ 时，称为 0 型系统；当 $\nu=1$ 时，称为 Ⅰ 型系统；当 $\nu=2$ 时，称为 Ⅱ 型系统；依此类推。

奈奎斯特图具有如下的特点：

1）在奈奎斯特图的低频段，即 $\omega\to0$ 时，由式（5-2-1）可以得出频率特性、幅频特性、相频特性的表达式分别为

$$G(j\omega)=\frac{K}{(j\omega)^\nu}$$

$$A(\omega)=\frac{K}{\omega^\nu}$$

$$\varphi(\omega)=-\nu\times90°$$

即开环奈奎斯特图的起点与积分环节的个数 ν 有关：当 $\nu=0$ 时，即 0 型系统，起始于实轴上一点 $(K,j0)$ 处；当 $\nu=1$ 时，即 Ⅰ 型系统，起始于负虚轴的无穷远处；当 $\nu=2$ 时，即 Ⅱ 型系统，起始于负实轴的无穷远处；……，如图 5-2-9 所示。

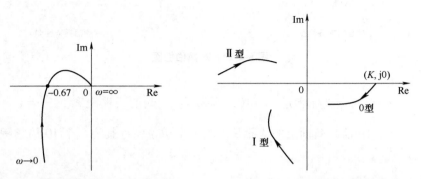

图 5-2-8 例 5-2-1 奈奎斯特图　　　图 5-2-9 开环奈奎斯特图低频段位置

2）当 $\omega\to\infty$ 时，由式（5-2-1）可以得出频率特性、幅频特性、相频特性的表达式分别为

$$G(\mathrm{j}\omega) = \frac{K\tau_1\tau_2\cdots\tau_m}{T_1T_2\cdots T_{n-\nu}(\mathrm{j}\omega)^{n-m}}$$

$$A(\omega) = \frac{K\tau_1\tau_2\cdots\tau_m}{T_1T_2\cdots T_{n-\nu}(\omega)^{n-m}}$$

$$\varphi(\omega) = -(n-m)\times90°$$

通常，控制系统存在 $n \geqslant m$ 的关系（n 为频率特性分母的阶次，m 为分子的阶次）。可知奈奎斯特图的终点和 n 与 m 的关系有关：

① 当 $n>m$ 时，$A(\infty)=0$，$\varphi(\infty)=-(n-m)\times90°$，即奈奎斯特图终点为坐标原点。

② 当 $n=m$ 时，$A(\infty)=0$，$\varphi(\infty)=0°$，即奈奎斯特图终点为实轴上的某一有限值。

3）当 $n>m$ 时，频率特性每增加一个极点，即 n 值加 1，则系统相位 $\varphi(\omega)$ 滞后，奈奎斯特图终点所具有的相位减小 90°；频率特性每增加一个零点，即 m 值加 1，则系统相位 $\varphi(\omega)$ 超前，奈奎斯特图终点所具有的相角增加 90°。

4）ω 从 $-\infty\to0$ 的奈奎斯特图与 ω 从 $0\to\infty$ 的奈奎斯特图关于实轴对称。

5.2.3 频率特性的对数坐标图

频率特性的对数坐标图也称为伯德（Bode）图，它是将幅频特性与相频特性分别在两张半对数坐标图上表示出来，分别称为对数幅频特性图和对数相频特性图。

此两张图的横坐标均为频率 ω，单位为 rad/s，且按对数分度。对数幅频特性图的纵坐标为 $L(\omega)$，满足 $L(\omega)=20\lg A(\omega)$，单位为分贝（dB）；对数相频特性图的纵坐标为相频特性 $\varphi(\omega)$，单位为度（°），此两张图的纵坐标 $L(\omega)$ 和 $\varphi(\omega)$ 均按线性分度，如图 5-2-10 所示。

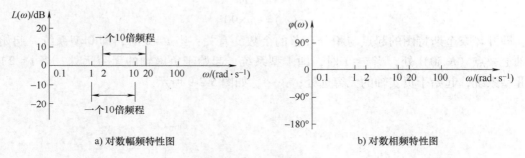

a) 对数幅频特性图　　　　　　　　　b) 对数相频特性图

图 5-2-10　对数伯德图

若横坐标上任意两点坐标满足 $\dfrac{\omega_1}{\omega_2}=10$，则 ω_1 与 ω_2 间的线性距离 $\lg\dfrac{\omega_1}{\omega_2}=1$，由此可以看出，频率 ω 每变化 10 倍，横轴上的线段长度为一个单位，称其为一个 10 倍频程（dec）。

```
%绘制对数坐标图(伯德图)的MATLAB代码示例
%建立传递函数
num = [1 1];
den = [1 0.01 1];
G = tf(num,den);
```

```
%绘制对数坐标图
figure();
bode(G);
%读取所有频率w下的传递函数幅值mag与相位phase
[mag,phase,w] = bode(G);
%读取指定频率w0下的传递函数幅值mag与相位phase
w0 =100;
[re,im] = bode(G,w0);

grid on
```

（1）比例环节

$$G(j\omega) = K$$
$$L(\omega) = 20\lg A(\omega) = 20\lg K$$
$$\varphi(\omega) = \angle G(j\omega) = 0°$$

其伯德图如图 5-2-11 所示。

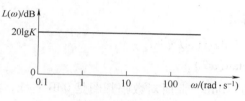 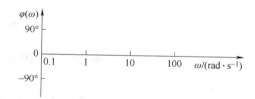

a) 对数幅频特性图　　　　　　　　　　b) 对数相频特性图

图 5-2-11　比例环节伯德图

（2）积分环节

$$G(j\omega) = \frac{1}{j\omega}$$
$$L(\omega) = 20\lg A(\omega) = -20\lg\omega$$
$$\varphi(\omega) = \angle G(j\omega) = -90°$$

其伯德图如图 5-2-12 所示。

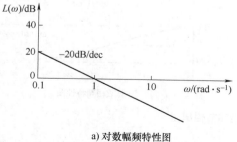 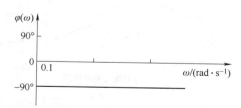

a) 对数幅频特性图　　　　　　　　　　b) 对数相频特性图

图 5-2-12　积分环节伯德图

（3）微分环节

$$G(j\omega) = j\omega$$

$$L(\omega) = 20\lg A(\omega) = 20\lg\omega$$

$$\varphi(\omega) = \angle G(j\omega) = 90°$$

其伯德图如图 5-2-13 所示。

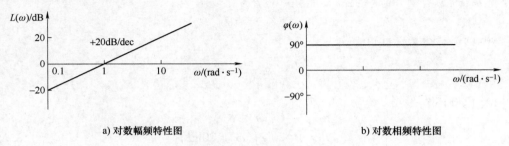

a) 对数幅频特性图　　　　　　　　b) 对数相频特性图

图 5-2-13　微分环节伯德图

（4）一阶惯性环节

$$G(j\omega) = \frac{1}{j\omega T + 1}$$

$$L(\omega) = 20\lg A(\omega) = -20\lg\sqrt{(\omega T)^2 + 1}$$

$$\varphi(\omega) = -\arctan(\omega T)$$

在低频段，$\omega \to 0$，则 $\sqrt{(\omega T)^2 + 1} \approx 1$，$L(\omega) \approx 0\text{dB}$，此时对数幅频图是 0dB 直线，此为低频段的渐近线。

在高频段，$\omega \to \infty$，则 $\sqrt{(\omega T)^2 + 1} \approx \omega T$，$L(\omega) \approx -20\lg(\omega T)$，此时对数幅频图近似积分环节，是斜率为 -20dB/dec 的直线，其为高频段的渐近线。

一阶惯性环节的伯德图就可以用低频段与高频段的这两条渐近线表示，如图 5-2-14 所示。两条渐近线交点的频率称为转折频率（也称转角频率），用 ω_T 表示。由 $\omega T = 1$ 求得

$$\omega_T = \frac{1}{T}$$

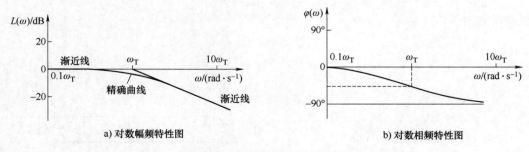

a) 对数幅频特性图　　　　　　　　b) 对数相频特性图

图 5-2-14　一阶惯性环节伯德图

求出转折频率 ω_T，就能够绘出转折频率两侧的渐近线，从而绘出近似的幅频伯德图。近似的幅频伯德图在转折频率处的误差是最大的。因为当 $\omega T = 1$ 时，对数幅频的精确值为

$L(\omega) = -20\lg\sqrt{2}\,\text{dB} \approx 3\text{dB}$，此处的渐近线值为 0dB，两者误差为 3dB。

（5）一阶微分环节

$$G(j\omega) = j\omega\tau + 1$$

$$L(\omega) = 20\lg A(\omega) = 20\lg\sqrt{(\omega\tau)^2 + 1}$$

$$\varphi(\omega) = \arctan(\omega\tau)$$

一阶微分环节的伯德图的分析方法类似于一阶惯性环节，其伯德图如图 5-2-15 所示。

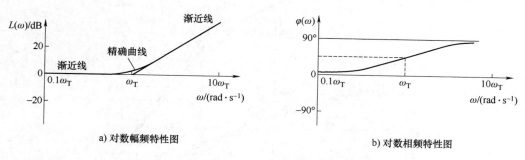

a) 对数幅频特性图   b) 对数相频特性图

图 5-2-15 一阶微分环节伯德图

（6）二阶振荡环节

$$G(j\omega) = \frac{1}{T^2(j\omega)^2 + 2\zeta Tj\omega + 1}$$

$$L(\omega) = 20\lg A(\omega) = -20\lg\sqrt{(1 - \omega^2 T^2)^2 + (2\zeta\omega T)^2}$$

$$\varphi(\omega) = \angle G(j\omega) = \begin{cases} -\arctan\dfrac{2\zeta T\omega}{1 - T^2\omega^2} & \omega \leqslant \dfrac{1}{T} \\[3mm] -\pi - \arctan\dfrac{2\zeta T\omega}{1 - T^2\omega^2} & \omega > \dfrac{1}{T} \end{cases}$$

其作法与一阶惯性环节类似，求出其对数幅频特性的渐近线。

在低频段，$T\omega \ll 1$，即 $\omega \ll \dfrac{1}{T}$，此时 $L(\omega) \approx 0\text{dB}$，低频段的渐近线是 0dB 直线。

在高频段，$T\omega \gg 1$，即 $\omega \gg \dfrac{1}{T}$，则 $L(\omega) \approx -20\lg\sqrt{(\omega^2 T^2)^2} = -40\lg(\omega T)$，此时的渐近线为斜率 -40dB/dec 的直线。

两条渐近线的交点即为转折频率，也称为无阻尼自振角频率 ω_n。

实际的对数幅频特性曲线与渐近线之间是存在误差的，误差的大小与阻尼比 ζ 有关，阻尼比较小，产生的误差越大，如图 5-2-16 所示。

（7）延迟环节

$$G(j\omega) = e^{-j\omega\tau}$$

$$L(\omega) = 20\lg A(\omega) = 20\lg 1 = 0$$

$$\varphi(\omega) = \angle G(j\omega) = -\omega\tau$$

其伯德图如图 5-2-17 所示。

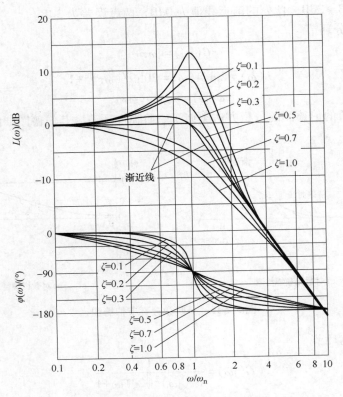

图 5-2-16　二阶振荡环节伯德图

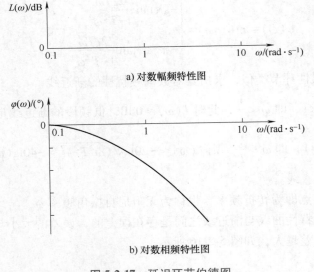

a) 对数幅频特性图

b) 对数相频特性图

图 5-2-17　延迟环节伯德图

5.2.4　伯德图的作图方法

系统的传递函数可写成若干典型环节的乘积形式

$$G(s) = G_1(s) G_2(s) \cdots G_n(s)$$

频率特性为

$$G(j\omega) = G_1(j\omega) G_2(j\omega) \cdots G_n(j\omega)$$

$$A(\omega) e^{j\varphi(\omega)} = A_1(\omega) e^{j\varphi_1(\omega)} A_2(\omega) e^{j\varphi_2(\omega)} \cdots A_n(\omega) e^{j\varphi_n(\omega)}$$

则

$$\begin{cases} A(\omega) = A_1(\omega) A_2(\omega) \cdots A_n(\omega) \\ L(\omega) = L_1(\omega) + L_2(\omega) + \cdots + L_n(\omega) \\ \varphi(\omega) = \varphi_1(\omega) + \varphi_2(\omega) + \cdots + \varphi_n(\omega) \end{cases} \tag{5-2-2}$$

由式（5-2-2）可以看出，对数幅频特性 $L(\omega)$ 是各典型环节的对数幅频特性的代数和，对数相频特性 $\varphi(\omega)$ 是各典型环节对数相频特性的代数和。

因此，伯德图的作图步骤可总结如下：

1）将系统的频率特性化成典型环节频率特性乘积的形式。

2）找出各典型环节的转折频率，画出对应环节的对数幅频特性的渐近线和相频特性曲线。

3）将各典型环节的对数幅频特性的渐近线叠加。

4）将各典型环节的对数相频特性曲线叠加。

5）必要时可对渐近线进行适当的修正。

【例 5-2-2】　已知某系统的开环传递函数 $G(s)$ 如下所示，试画出此系统的开环伯德图。

$$G(s) = \frac{10}{s(0.08s+1)}$$

解：此系统的开环频率特性为

$$G(j\omega) = \frac{10}{j\omega(0.08j\omega+1)}$$

共由 3 个典型环节构成，分别为比例环节、积分环节、一阶惯性环节：

$$G_1(j\omega) = 10$$

$$G_2(j\omega) = \frac{1}{j\omega}$$

$$G_3(j\omega) = \frac{1}{0.08j\omega+1}$$

比例环节：可知 $L_1(\omega) = 20\text{dB}$，幅频特性渐近线是一条水平直线，$\varphi_1(\omega) = 0°$。

积分环节：其幅频特性渐近线 $L_2(\omega)$ 是斜率为 -20dB/dec 且过（1，0）的直线，$\varphi_2(\omega) = -90°$。

一阶惯性环节的转折频率 $\omega_T = \dfrac{1}{0.08}\text{rad/s} = 12.5\text{rad/s}$，其低频段渐近线为水平直线，高频段渐近线是斜率为 -20dB/dec 的斜线，$\varphi_3(\omega) = -\arctan(0.08\omega)$。

其伯德图如图 5-2-18 所示。

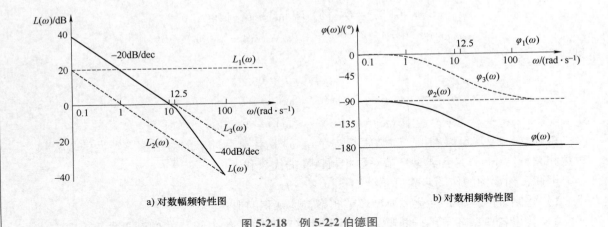

a) 对数幅频特性图　　　　　　　　　　b) 对数相频特性图

图 5-2-18　例 5-2-2 伯德图

5.3　由频率特性求最小相位系统的传递函数

5.3.1　最小相位系统

在复平面 $[s]$ 的右半平面上既无零点也无极点的传递函数，称为最小相位传递函数；否则，称为非最小相位传递函数。具有最小相位传递函数的系统，即为最小相位系统。

具有相同幅频特性的系统，当频率 ω 从 $0\to\infty$ 时，最小相位系统的相移最小。对最小相位系统来说，若幅频特性已知，则其相频特性唯一确定。

【例 5-3-1】　如下两个系统，传递函数分别为 $G_1(s)$ 和 $G_2(s)$，其中 $T_1>T_2>0$。

$$G_1(s)=\frac{T_1s+1}{T_2s+1},\ G_2(s)=\frac{-T_1s+1}{T_2s+1}$$

画出两个系统的幅频伯德图和相频伯德图。

解：由于 $T_1>T_2>0$，所以系统 1 为最小相位系统，系统 2 由于 $[s]$ 的右半平面有零点，故为非最小相位系统。这两个系统的幅频特性相同，均为

$$A_1(\omega)=A_2(\omega)=\frac{\sqrt{(T_1\omega)^2+1}}{\sqrt{(T_2\omega)^2+1}}$$

其幅频特性伯德图如图 5-3-1 所示。

这两个系统的相频特性不同，分别为

$$\varphi_1(\omega)=\arctan(T_1\omega)-\arctan(T_2\omega)$$

$$\varphi_2(\omega)=-\arctan(T_1\omega)-\arctan(T_2\omega)$$

其相频特性伯德图如图 5-3-2a、b 所示。

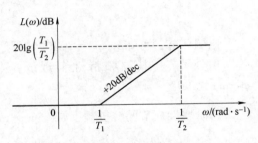

图 5-3-1　例 5-3-1 幅频特性伯德图

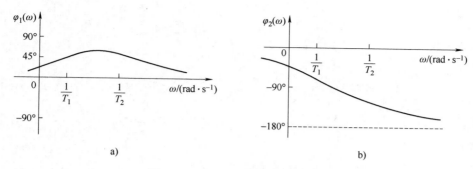

图 5-3-2 例 5-3-1 相频特性伯德图

5.3.2 由最小相位系统的开环伯德图求传递函数

对于最小相位系统，其幅频特性与相频特性存在一一对应的关系。所以，利用伯德图对最小相位系统进行分析时，只需要知道其幅频伯德图即可。同时，对于最小相位系统，可以根据已确定的幅频伯德图求出其传递函数。本书中若无特殊说明，均为最小相位系统。

通常，系统的频率特性可以写成式（5-3-1）的通式形式，即

$$G(j\omega) = \frac{K(j\omega\tau_1+1)(j\omega\tau_2+1)\cdots(j\omega\tau_m+1)}{(j\omega)^\nu(j\omega T_1+1)(j\omega T_2+1)\cdots(j\omega T_{n-\nu}+1)}, n \geq m \tag{5-3-1}$$

可以看出伯德图的如下特点：

1）在低频段，$\omega \to 0$ 时，有如下关系式：

$$G(j\omega) = \frac{K}{(j\omega)^\nu}, A(\omega) = \frac{K}{\omega^\nu}, L(\omega) = 20\lg K - 20\nu\lg\omega$$

对于 0 型系统（$\nu = 0$）：$L(\omega) = 20\lg K$，对数幅频特性曲线在低频段为一条水平直线，且与 0dB 线的距离为 $20\lg K$（dB），如图 5-3-3 所示。

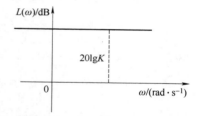

图 5-3-3 0 型系统低频段幅频伯德图

对于 Ⅰ 型系统（$\nu = 1$）：$L(\omega) = 20\lg K - 20\lg\omega$，对数幅频特性曲线在低频段是斜率为 -20dB/dec 的直线，此直线或其延长线过（$1, 20\lg K$）、（$K, 0$）两点，如图 5-3-4 所示。

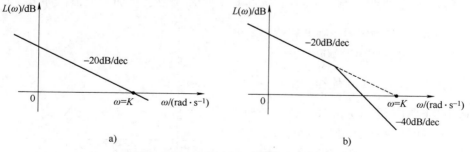

图 5-3-4 Ⅰ 型系统低频段幅频伯德图

对于 Ⅱ 型系统（$\nu = 2$）：$L(\omega) = 20\lg K - 40\lg\omega$，对数幅频特性曲线在低频段是斜率为 -40dB/dec 的直线，此直线或其延长线过（$1, 20\lg K$）、（$\sqrt{K}, 0$）两点，如图 5-3-5 所示。

以此类推。

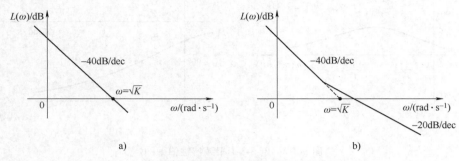

图 5-3-5　Ⅱ型系统低频段幅频伯德图

2）低频段之后，每经过一个转折频率，对数幅频渐近线的斜率随之增大或减小一次。斜率增大或减小的规律为：频率特性表达式每增加一个微分环节，斜率增加 20dB/dec；每增加一个惯性环节，对数幅频渐近线的斜率随之减少 20dB/dec；斜率的增加或减少从相对应的转折频率处开始。

【例 5-3-2】　某系统开环传递函数如下，试绘出此系统的开环对数伯德图。

$$G(s) = \frac{100(2s+1)}{s(5s+1)(3s+1)}$$

解：此系统的开环频率特性为

$$G(j\omega) = \frac{100(2j\omega+1)}{j\omega(5j\omega+1)(3j\omega+1)}$$

由于 $\nu=1$，故为Ⅰ型系统，且 $K=100$，$20\lg K=40$，求出 3 个转折频率分别为

$$\omega_{T1} = \frac{1}{5}\text{rad/s}, \omega_{T2} = \frac{1}{3}\text{rad/s}, \omega_{\tau1} = \frac{1}{2}\text{rad/s}$$

1）Ⅰ型系统幅频伯德图低频段的渐近线斜率为 -20dB/dec，其延长线过点（100,0）。

2）随着 ω 的增大，当低频段的直线延伸至 $\omega_{T1} = \frac{1}{5}\text{rad/s}$ 时，传递函数增加一个惯性环节，其斜率减小 20dB/dec，幅频伯德图在此处发生第一次转折，斜率变为 -40dB/dec。

3）当转折后的直线延伸至 $\omega_{T2} = \frac{1}{3}\text{rad/s}$ 时，传递函数又增加一个惯性环节，其斜率再次减小 20dB/dec，幅频伯德图在此转折频率处发生第二次转折，斜率变成 -60dB/dec。

4）当转折后的直线延伸至 $\omega_{\tau1} = \frac{1}{2}\text{rad/s}$ 时，传递函数增加一个微分环节，斜率增加了 20dB/dec，幅频伯德图在此处发生第三次转折，斜率由前段的 -60dB/dec 增大至 -40dB/dec。

综上所述，可绘制出此系统的开环幅频伯德图，如图 5-3-6 所示。

【例 5-3-3】　某最小相位系统的开环对数

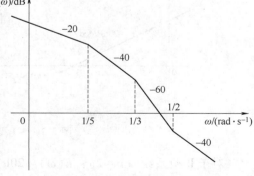

图 5-3-6　例 5-3-2 系统开环幅频伯德图

幅频特性图如图 5-3-7 所示，请写出其开环传递函数。

解： 由于低频段伯德图为水平直线，可知为 0 型系统，且由 $20\lg K = 20$ 可求得 $K = 10$，由图 5-3-7 可知 3 个转折处的转折频率分别为

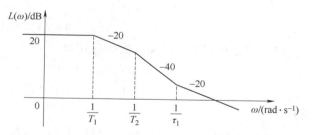

$$\omega_{T1} = \frac{1}{T_1}, \omega_{T2} = \frac{1}{T_2}, \omega_{\tau1} = \frac{1}{\tau_1}$$

所以，此系统开环频率特性为

$$G(j\omega) = \frac{10(j\omega\tau_1 + 1)}{(j\omega T_1 + 1)(j\omega T_2 + 1)}$$

故而求得开环传递函数为

图 5-3-7　例 5-3-3 系统开环幅频伯德图

$$G(s) = \frac{10(\tau_1 s + 1)}{(T_1 s + 1)(T_2 s + 1)}$$

5.4　系统的稳定性分析

5.4.1　系统稳定性的基本概念

　　一个控制系统能够应用于工程实践的前提就是此系统必须是稳定的。原来处于平衡状态的系统，如果受到扰动，导致其偏离原来的平衡状态，产生了初始偏差，当扰动消失后，经过足够长的时间，这个系统又能够以一定的准确度恢复到原来的平衡状态，这样的系统是稳定的。否则，系统是不稳定的。

　　系统的稳定性也可以这样来理解：控制系统在任何足够小的初始偏差的作用下，其过渡过程随着时间的推移逐渐衰减并趋于零，系统恢复原来的平衡状态，称此系统稳定，否则，称为不稳定。

　　本书中讨论的线性定常系统的稳定性，是扰动消失后，系统自身的恢复能力，它是控制系统本身的固有特性，只与系统的结构参数有关，与初始条件和输入无关。由于工程实际中并不存在纯线性定常系统，我们所说的线性定常系统是实际系统经过"小偏差"的线性化处理后得到的。因此，这里所说的稳定性只限于讨论初始偏差在某一范围内的稳定性。

5.4.2　系统稳定性的充要条件

　　控制理论中讨论的稳定性是指在自由振荡下的稳定性，即系统的输入为零，只有初始偏差作用下的稳定性，也就是讨论自由振荡是收敛还是发散的情况。当系统处于某个平衡状态时，输入信号为零，系统的输出信号也为零。系统在干扰信号作用下，产生初始偏差，由此干扰信号引起的输出信号，就是系统在初始偏差作用下的过渡过程。若是系统是稳定的，那么由干扰信号引起的输出信号经过足够长的时间后，必然趋近于零，使系统恢复到原来的平衡状态。

　　控制系统框图如图 5-4-1 所示。在零输入下，由干扰信号 $N(s)$ 和它所引起的输出$X_o(s)$

间的传递函数为

$$\frac{X_o(s)}{N(s)} = \frac{G_2(s)}{1+G_1(s)G_2(s)H(s)}$$

将其写成控制系统传递函数的通式为

$$\frac{X_o(s)}{N(s)} = \frac{b_0 s^m + b_1 s^{m-1} + \cdots + b_{m-1} s + b_m}{a_0 s^n + a_1 s^{n-1} + \cdots + a_{n-1} s + a_n}, n \geq m$$

整理得

$$(a_0 s^n + a_1 s^{n-1} + \cdots + a_{n-1} s + a_n) X_o(s) = (b_0 s^m + b_1 s^{m-1} + \cdots + b_{m-1} s + b_m) N(s)$$

扰动消失后，即 $N(s) = 0$，则

$$(a_0 s^n + a_1 s^{n-1} + \cdots + a_{n-1} s + a_n) X_o(s) = 0$$

对其进行拉普拉斯逆变换，得

$$a_0 x_o^{(n)}(t) + a_1 x_o^{(n-1)}(t) + \cdots + a_{n-1} \dot{x}_o(t) + a_n x_o(t) = 0$$

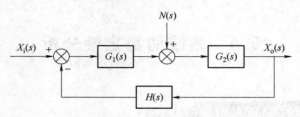

图 5-4-1　控制系统框图

如果系统稳定，经过足够长时间后，由干扰信号引起的输出趋近于零，即该齐次方程的解趋于零：

$$\lim_{t \to \infty} x_o(t) = 0 \tag{5-4-1}$$

从常微分方程理论可知，微分方程解的收敛性完全取决于其相应特征方程的根。如果特征方程的所有根都是负实数或实部为负的复数，则微分方程的解是收敛的。如果特征方程存在正实数根或正实部的复根，则微分方程的解中就会出现发散项。所以可得出控制系统稳定的充要条件为：**系统闭环特征方程的根全部具有负实部**。由于特征方程的根同时也是闭环传递函数的极点，所以此充要条件还可以表述为：系统闭环传递函数的极点全部具有负实部，或是闭环传递函数的极点全部位于复平面 $[s]$ 的左半平面。

```
%利用系统稳定的充要条件判断系统的稳定性的 MATLAB 代码示例

%定义传递函数
num = [1 2];
den = [1 7 16 5];
H = tf(num,den);

%绘制奈奎斯特图
figure;
pzmap(H);
```

```
grid on;

%计算特征方程的根
r = roots([1 7 16 5])

%判断系统是否稳定
if all(real(r) < 0)
    disp('系统稳定。');
else
    disp('系统不稳定。');
End
```

5.4.3　奈奎斯特稳定性判据

奈奎斯特稳定性判据是在 1932 年由奈奎斯特（H. Nyquist）提出的。奈奎斯特稳定性判据是应用系统的开环频率特性曲线，即 $G(j\omega)H(j\omega)$ 来判断闭环系统的稳定性，是一种频域分析法。奈奎斯特稳定性判据还可以用于分析系统的相对稳定性，即稳定性储备，从而提出发送系统动态性能的途径和方法。

1. 奈奎斯特稳定性判据应用

奈奎斯特稳定性判据表述：如果系统开环传递函数 $G_K(s)$ 有 P 个位于 $[s]$ 右半平面的极点，当 ω 由 $-\infty$ 到 $+\infty$ 变化时，系统的开环频率特性曲线 $G_K(j\omega)$ 逆时针包围 $(-1, j0)$ 点 P 圈，则该闭环系统稳定。否则，该闭环系统不稳定。

当开环传递函数的特征根均位于 $[s]$ 左半平面时，即 $P=0$，当 ω 由 $-\infty$ 到 $+\infty$ 变化时，开环频率特性曲线 $G_K(j\omega)$ 不包围 $(-1, j0)$ 时，该闭环系统稳定。

特别的，当系统的开环传递函数 $G_K(s)$ 有位于 $[s]$ 平面的原点处的极点时，即系统串联有积分环节，此时，开环传递函数可以表示为

$$G_K(s) = \frac{K \prod_{j=1}^{m} (\tau_j s + 1)}{s^{\nu} \prod_{i=1}^{n-\nu} (T_i s + 1)}$$

式中，ν 为串联的积分环节的个数。这种情况下，当 ω 由 0^- 到 0^+ 变化时，开环频率特性曲线 $G_K(j\omega)$ 将沿着半径为无穷大的圆弧，按顺时针方向从 $\nu \times 90°$ 转到 $\nu \times (-90°)$，这就是开环奈奎斯特图的增补段，即为辅助线。

【例 5-4-1】 已知某系统的开环传递函数为

$$G_K(s) = \frac{5}{(2s+1)(3s+1)}$$

试用奈奎斯特稳定性判据判断该闭环系统的稳定性。

解： 此为 0 型系统。

当 $\omega=0$ 时，其开环奈奎斯特图起于（5，j0）点；当 $\omega=$
∞ 时，其开环奈奎斯特图终于坐标原点，且此时 $\varphi(\infty)=$
$-180°$。系统的开环奈奎斯特图如图 5-4-2 所示。

由于开环奈奎斯特图在 $[s]$ 右半平面极点个数 $P=0$，
即在 $[s]$ 右半平面无极点，由图 5-4-2 可知其开环奈奎斯
特图不包围（-1，j0）点。根据奈奎斯特稳定性判据可知，
该闭环系统稳定。

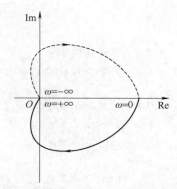

【例 5-4-2】 某 I 型系统的开环奈奎斯特图如图 5-4-3
所示，已知此系统的开环传递函数在 $[s]$ 右半平面极点，
试用奈奎斯特稳定性判据判断该闭环系统的稳定性。

图 5-4-2　例 5-4-1 开环奈奎斯特图

解： I 型系统，绘制出 $\omega:-\infty\to0$ 范围内的奈奎斯特
图，并作辅助线，使 ω 由 0^- 到 0^+ 部分封闭，如图 5-4-4 所示。当 ω 由 $-\infty\to+\infty$ 变化时，奈
奎斯特图顺时针包围（-1，j0）点 2 圈，由于 $P=0$，所以此闭环系统不稳定。

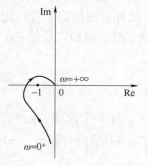

图 5-4-3　例 5-4-2 开环奈奎斯特图

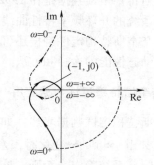

图 5-4-4　例 5-4-2 全频率开环奈奎斯特图

【例 5-4-3】 某反馈控制最小相位系统开环传递函数为

$$G_K(s)=\frac{(\tau s+1)}{s^2(Ts+1)}$$

试判断此系统的稳定性。

解： 此为 II 型系统，起始于实轴的 $-\infty$ 处，终止于坐标原点。由题意，开环右极点个数
$P=0$。其相频特性 $\varphi(\omega)=-180°+\arctan(\tau\omega)-\arctan(T\omega)$，当 ω 由 $-\infty\to+\infty$ 变化时：

① $\tau>T$，$-180°<\varphi(\omega)<-90°$，奈奎斯特图位于第三象限，开环奈奎斯特图不包围
（-1，j0）点，闭环系统稳定，如图 5-4-5a 所示。

② $\tau=T$，$\varphi(\omega)=-180°$，此时为二阶积分环节，奈奎斯特图穿过（-1，j0）点，闭环系
统临界稳定，如图 5-4-5b 所示。

③ $\tau<T$，$-270°<\varphi(\omega)<-180°$，奈奎斯特图位于第二象限，开环奈奎斯特图顺时针包围
（-1，j0）点 2 圈，闭环系统不稳定，如图 5-4-5c 所示。

2. 具有延迟环节的系统稳定性分析

在机械工程的许多系统中都包含延迟环节，下面讨论延迟环节串联在前向通道中时，应
用奈奎斯特稳定性判据分析系统的稳定性。

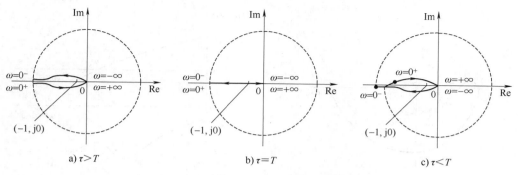

图 5-4-5　例 5-4-3 开环奈奎斯特图

如图 5-4-6 所示，系统的开环传递函数为

$$G_K(s) = e^{-\tau s} G(s)$$

系统的开环频率特性为

$$G_K(j\omega) = e^{-j\tau\omega} G(j\omega)$$

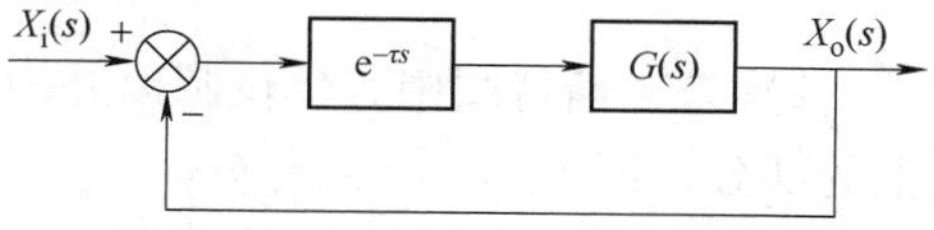

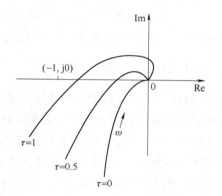

图 5-4-6　具有延迟环节的系统框图

系统的幅频特性、相频特性分别为

$$|G_K(j\omega)| = |G(j\omega)|, \angle G_K(j\omega) = \angle G(j\omega) - \tau\omega$$

由此可知，延迟环节不改变系统的幅频特性，仅使系统的相频特性发生改变，使相位滞后增大，且延迟时间常数 τ 越大，产生的滞后越大，越不利于系统的稳定，如图 5-4-7 所示。

如图 5-4-6 所示，若

$$G(s) = \frac{1}{s(s+1)}$$

则系统的开环传递函数为

$$G_K(s) = \frac{1}{s(s+1)} e^{-\tau s}$$

开环频率特性为

$$G_K(j\omega) = \frac{1}{j\omega(j\omega+1)} e^{-j\tau\omega}$$

对于不同的延迟时间 τ，其开环奈奎斯特图如图 5-4-7 所示。由图 5-4-7 中可以看出，随着延迟时间的增加，奈奎斯特图逐渐趋近（-1, j0）点，系统的稳定性变差。

图 5-4-7　不同延迟时间的奈奎斯特图

5.4.4　伯德稳定性判据

伯德稳定性判据是利用系统开环对数频率特性曲线，即开环伯德图判断系统闭环的稳定性，是奈奎斯特稳定性判据的另一种表述形式。

1. 奈奎斯特图与伯德图的对应关系

如图 5-4-8 所示，系统的开环奈奎斯特图与伯德图存在着一定的对应关系：

1）奈奎斯特图中的单位圆，即 $A(\omega) = 1$ 的部分，对应伯德图中的 $L(\omega) = 0dB$ 线。

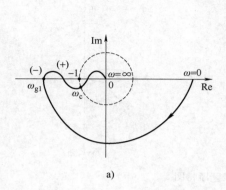
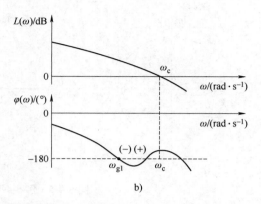

a)   b)

图 5-4-8　开环奈奎斯特图与伯德图的对应关系

2）奈奎斯特图中，单位圆以外的部分，即 $A(\omega)>1$ 的部分，对应伯德图中的 0dB 线以上的部分，即 $L(\omega)>0$ 的部分。

3）奈奎斯特图中，单位圆以内的部分，即 $A(\omega)<1$ 的部分，对应伯德图中的 0dB 线以上的部分，即 $L(\omega)<0$ 的部分。

4）奈奎斯特图中，负实轴对应伯德图中开环对数相频特性曲线的 $\varphi(\omega)=-180°$ 线。

5）剪切频率 ω_c：开环奈奎斯特图与单位圆的交点频率，在伯德图上，为开环对数幅频特性曲线与 0dB 线的交点频率。

6）相位交界频率 ω_g：开环奈奎斯特图与负实轴的交点频率，在伯德图上，为开环对数相频特性曲线与 $\varphi(\omega)=-180°$ 线的交点频率。

2. 穿越的概念

开环奈奎斯特图在 $(-1,j0)$ 点左侧穿过负实轴，称为"穿越"。随着 ω 的增大：若开环奈奎斯特图在 $(-1,j0)$ 点左侧自上而下穿过负实轴，即相位增大，称为"正穿越"；若开环奈奎斯特图在 $(-1,j0)$ 点左侧自下而上穿过负实轴，即相位减小，称为"负穿越"，如图 5-4-8a 所示。随着 ω 的增大：若开环奈奎斯特图在 $(-1,j0)$ 点左侧由负实轴开始向下延伸，称为"半次正穿越"；若开环奈奎斯特图在 $(-1,j0)$ 点左侧由负实轴开始向上延伸，称为"半次负穿越"。

对应的伯德图上，在开环对数幅频特性曲线 $L(\omega)>0$ 的频率范围内，随着 ω 的增大：若开环对数相频特性曲线 $\varphi(\omega)$ 自下而上穿过-180°线（相位增大），称为"正穿越"；开环对数相频特性曲线 $\varphi(\omega)$ 自上而下穿过-180°线（相位减小），称为"负穿越"，如图 5-4-8b 所示。在开环对数幅频特性曲线 $L(\omega)>0$ 的频率范围内，随着 ω 的增大：若开环对数相频特性曲线 $\varphi(\omega)$ 由-180°线开始向上延伸，称为"半次正穿越"；若开环对数相频特性曲线 $\varphi(\omega)$ 由-180°线开始向下延伸，称为"半次负穿越"。

3. 伯德稳定性判据

伯德稳定性判据表述之一：若系统的开环静态放大倍数大于零，开环传递函数有 P 个在 $[s]$ 右半平面的极点，在所有 $L(\omega)>0$ 的频率范围内，开环对数相频特性曲线 $\varphi(\omega)$ 在

-180°线上的正负穿越次数之差为 $P/2$ 次，则闭环系统稳定，否则不稳定。

伯德稳定性判据表述之二：若开环系统为最小相位系统，此时开环右极点个数 $P=0$，在所有 $L(\omega)>0$ 的频率范围内，开环对数相频特性曲线 $\varphi(\omega)$ 都在 -180° 线之上，即 $\omega_c < \omega_g$，则闭环系统稳定；若 $\omega_c > \omega_g$，则闭环系统不稳定；若 $\omega_c = \omega_g$，则闭环系统临界稳定。

如图 5-4-8b 所示，若已知 $P=0$，在所有 $L(\omega)>0$ 的频率范围内，正负穿越次数之差为 $1-1=0=P/2$，所以闭环系统稳定。

【例 5-4-4】　图 5-4-9 所示为 4 种开环对数频率特性曲线，试判别其闭环后系统的稳定性。

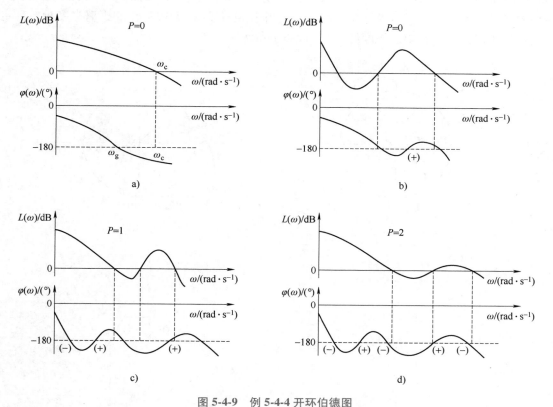

图 5-4-9　例 5-4-4 开环伯德图

解： 由图 5-4-9a 可知，其为开环最小相位系统，且 $P=0$，由于 $\omega_c < \omega_g$，所以闭环系统稳定。

如图 5-4-9b 所示，$P=0$，在所有 $L(\omega)>0$ 的频率范围内，只有一次正穿越，正负穿越次数之差为 $1-0=1 \neq P/2$，所以闭环系统是不稳定的。

如图 5-4-9c 所示，$P=1$，在所有 $L(\omega)>0$ 的频率范围内，正负穿越次数之差为 $2-1=1 \neq P/2$，所以闭环系统是不稳定的。

如图 5-4-9d 所示，$P=2$，在所有 $L(\omega)>0$ 的频率范围内，正负穿越次数之差为 $2-3=-1 \neq P/2$，所以闭环系统是不稳定的。

5.5　控制系统的相对稳定性

控制系统可以应用于实践的前提是，这个系统必须是稳定的。此外，还要求此系统具有一定的稳定储备，即应具有适当的相对稳定性。

以开环右极点个数 $P=0$ 的系统为例，当开环奈奎斯特图穿过 $(-1,j0)$ 时，此系统闭环后临界稳定；当开环奈奎斯特图不包围 $(-1,j0)$ 点时，此系统闭环后稳定，且开环奈奎斯特图与负实轴的交点离 $(-1,j0)$ 点越远，系统的稳定性越好，交点离 $(-1,j0)$ 点越近，系统的稳定性越差。这就是相对稳定性，用 $G_K(j\omega)$ 相对于 $(-1,j0)$ 点的距离来度量，其定量指标为相位裕度 γ 和幅值裕度 K_g，如图 5-5-1 所示。

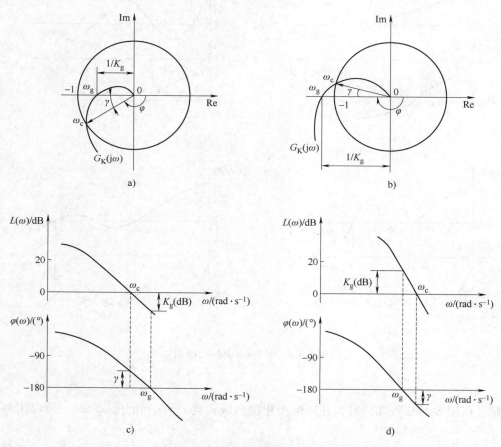

图 5-5-1　相位裕度与幅值裕度

1. 相位裕度 γ

当 $\omega=\omega_c$ 时（$\omega_c>0$），开环相频特性曲线 $\varphi(\omega)$ 与 $-180°$ 线的相位差，称为相位裕度，记作 γ。由于当 $\omega=\omega_c$ 时，奈奎斯特图与单位圆相交，此时 $A(\omega_c)=1$，则

$$\gamma = 180° + \varphi(\omega_c)$$

对于稳定系统，相位裕度 $\gamma > 0$，称为正相位裕度，系统具有正的稳定储备。此时，伯德图上，$\varphi(\omega_c)$ 必在 $-180°$ 线之上；在奈奎斯特图上，开环奈奎斯特图与单位圆的交点必位于负实轴之下，如图 5-5-1a、c 所示。

对于不稳定系统，相位裕度 $\gamma < 0$，称为负相位裕度，系统具有负的稳定储备。此时，伯德图上，$\varphi(\omega_c)$ 必在 $-180°$ 线之下；在奈奎斯特图上，开环奈奎斯特图与单位圆的交点必位于负实轴之上，如图 5-5-1b、d 所示。

2. 幅值裕度 K_g

当 $\omega = \omega_g$ 时（$\omega_g > 0$），开环幅频特性 $A(\omega_g)$ 的倒数，称为幅值裕度，记作 K_g。由于当 $\omega = \omega_g$ 时，奈奎斯特图与负实轴相交，此时 $\varphi(\omega_g) = -180°$，记

$$K_g = \frac{1}{A(\omega_g)}$$

在伯德图上，幅值裕度用分贝（dB）表示，记作 $K_g(\text{dB})$。

$$K_g(\text{dB}) = 20\lg K_g = -20\lg A(\omega_g)$$

对于稳定系统，$K_g(\text{dB})$ 必在 0dB 线以下，此时 $K_g(\text{dB}) > 0$，$K_g > 1$，称为正幅值裕度，如图 5-5-1a、c 所示。

对于不稳定系统，$K_g(\text{dB})$ 必在 0dB 线以下，此时 $K_g(\text{dB}) < 0$，$K_g < 1$，称为负幅值裕度，如图 5-5-1b、d 所示。

综上所述，当系统的开环右极点个数 $P = 0$ 时，相位裕度 $\gamma > 0$，幅值裕度 $K_g > 1$ 时，闭环系统稳定；相位裕度 $\gamma < 0$，幅值裕度 $K_g < 1$ 时，闭环系统不稳定。

在工程实践中，应同时根据相位裕度与幅值裕度全面地评价系统的相对稳定性，一般有

$$\gamma = 30° \sim 60°$$

$$K_g(\text{dB}) > 6\text{dB}$$

即

$$K_g > 2$$

【例 5-5-1】 某单位反馈控制系统的开环传递函数为

$$G(s) = \frac{K}{s(s+1)(0.1s+1)}$$

试求出使系统的幅值裕度 $K_g(\text{dB}) = 20\text{dB}$ 时的 K 值。

解： 系统的开环频率特性为

$$G(j\omega) = \frac{K}{j\omega(j\omega+1)(0.1j\omega+1)}$$

幅频特性为

$$A(\omega) = \frac{K}{\omega\sqrt{(\omega^2+1)(0.01\omega^2+1)}}$$

相频特性为

$$\varphi(\omega) = -90° - \arctan\omega - \arctan(0.1\omega)$$

当 $\omega = \omega_g$ 时，$\varphi(\omega_g) = -180°$，所以

$$\varphi(\omega_g) = -90° - \arctan\omega_g - \arctan(0.1\omega_g) = -180°$$

$$\arctan\omega_g + \arctan(0.1\omega_g) = 90°$$

求得

$$\omega_g = \sqrt{10}\,\text{rad/s}$$

将其代入幅频特性表达式，可得

$$A(\omega_g) = \frac{K}{11}$$

系统的幅值裕度 $K_g(\text{dB}) = 20\text{dB}$，即 $K_g(\text{dB}) = -20\lg A(\omega_g) = 20\text{dB}$，可知

$$A(\omega_g) = 0.1$$

所以

$$K = 1.1$$

```
%计算开环传递函数相位裕度和幅值裕度的 MATLAB 代码示例
%定义系统的传递函数
H = tf([1.1],[0.1 1.1 1 0])

%绘制系统的奈奎斯特图
figure;
nyquist(H);
grid on;

%计算相位裕度和幅值裕度
[Gm, Pm, ~, Wcg] = margin(H);
disp(['系统的相位裕度为 ',num2str(Pm),'deg']);
disp(['系统的幅值裕度为 ',num2str(Gm)]);
```

思考题

5-1 已知系统输入不同频率 ω 的正弦函数为 $A\sin\omega t$，其稳态输出响应为 $B\sin(\omega t + \varphi)$，求该系统的频率特性。

5-2 求 $G(s) = \dfrac{K}{s(T_1 s+1)(T_2 s+1)}$ 的幅频特性和相频特性。

5-3 某系统传递函数为 $G(s) = \dfrac{7}{3s+2}$，输入为以下信号时，求系统的稳态输出。

(1) $\dfrac{1}{7}\sin\left(\dfrac{2}{3}t + 45°\right)$；(2) $\cos(t-30°)$；(3) $\dfrac{1}{7}\sin\left(\dfrac{2}{3}t + 45°\right) + \cos(t-30°)$。

5-4 已知系统的开环传递函数 $G(s) = \dfrac{1}{s(s+1)(2s+1)}$，绘制该开环传递函数的伯德图和奈奎斯特图。

5-5 什么是最小相位系统？有什么特点？

5-6 根据如题图 5-1 所示最小相位系统开环对数幅频特性曲线，求系统开环传递函数，并计算其相位裕量 γ 与幅值裕量 K_g，判断系统稳定性。

5-7 某系统开环传递函数为 $G_K(s) = \dfrac{1}{s(s+1)(s+2)}$。计算幅值裕量 K_g，绘出开环奈奎斯特图，并判断系统稳定性。

5-8 某系统框图如题图 5-2 所示，计算相位裕量 γ，绘出开环奈奎斯特图，并判断系统稳定性。

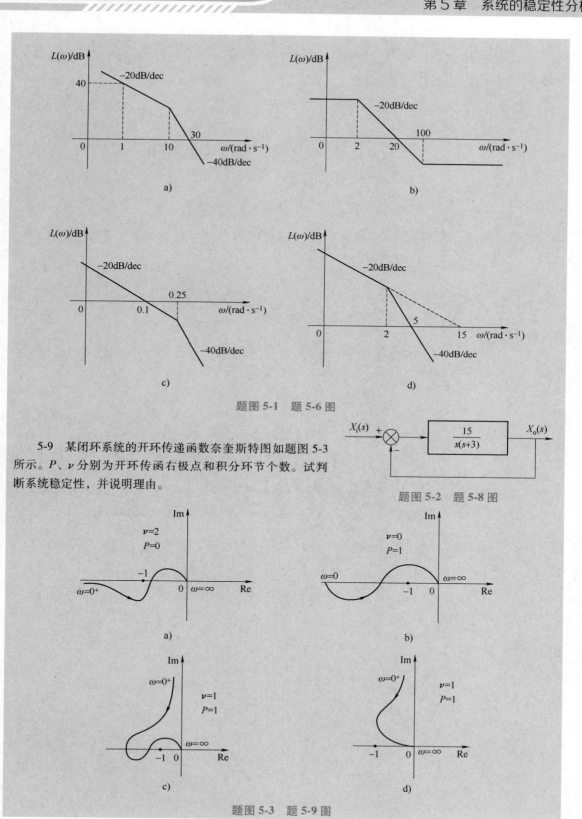

题图 5-1 题 5-6 图

5-9 某闭环系统的开环传递函数奈奎斯特图如题图 5-3 所示。P、ν 分别为开环传函右极点和积分环节个数。试判断系统稳定性，并说明理由。

题图 5-2 题 5-8 图

题图 5-3 题 5-9 图

5-10　某闭环控制系统开环传递函数伯德图如题图 5-4 所示。P 为开环传递函数右极点个数。试判断闭环系统稳定性，并说明理由。

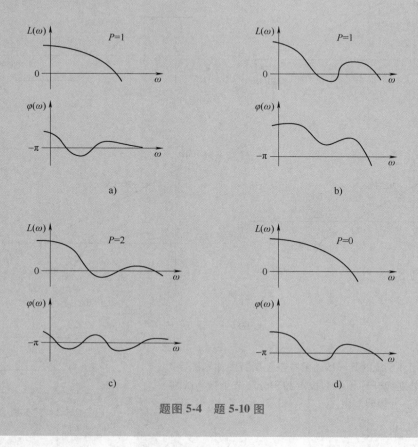

题图 5-4　题 5-10 图

第6章

系统的稳态误差分析与计算

对于一个控制系统的基本要求是稳、准、快。误差问题就是系统的准确性问题。系统过渡过程完成后的误差称为稳态误差，稳态误差的大小体现了控制系统进入稳定状态后的精度的高低，实际工程中的控制系统必须满足控制精度要求。

控制系统的稳态误差不仅与本身的结构参数有关，还与输入信号的类型有关。

6.1 稳态误差的基本概念

闭环控制系统的框图如图 6-1-1 所示。

控制系统的误差定义为控制系统的希望输出量 $x_{\mathrm{or}}(t)$ 与实际输出量 $x_{\mathrm{o}}(t)$ 之差，记为 $e(t)$，则有

$$e(t) = x_{\mathrm{or}}(t) - x_{\mathrm{o}}(t) \tag{6-1-1}$$

其拉普拉斯变换为

$$E(s) = X_{\mathrm{or}}(s) - X_{\mathrm{o}}(s) \tag{6-1-2}$$

系统进入稳定状态后的误差，称为稳态误差，也称静态误差，记作 e_{ss}，它是误差信号的稳态分量，即 $e_{\mathrm{ss}} = \lim\limits_{t \to \infty} e(t)$。

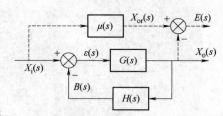

图 6-1-1　闭环控制系统框图

系统输入信号 $x_{\mathrm{i}}(t)$ 与反馈信号 $b(t)$ 进行比较后的信号，称为偏差信号，记为 $\varepsilon(t)$。

$$\varepsilon(t) = x_{\mathrm{i}}(t) - b(t) \tag{6-1-3}$$

其拉普拉斯变换为

$$\varepsilon(s) = X_{\mathrm{i}}(s) - B(s) \tag{6-1-4}$$

系统进入稳定状态后的偏差，称为稳态偏差，记作 $\varepsilon_{\mathrm{ss}}$，同样有 $\varepsilon_{\mathrm{ss}} = \lim\limits_{t \to \infty} \varepsilon(t)$。

由图 6-1-1 可知，控制系统误差信号的象函数为

$$E(s) = X_{\mathrm{or}}(s) - X_{\mathrm{o}}(s) = \mu(s) X_{\mathrm{i}}(s) - X_{\mathrm{o}}(s) \tag{6-1-5}$$

式中，$\mu(s)$ 为理想输出状态下的传递函数，称为理想变换算子。

在一个闭环控制系统中，用偏差信号 $\varepsilon(s)$ 实现对输出量 $X_{\mathrm{o}}(s)$ 的控制，使输出量 $X_{\mathrm{o}}(s)$ 趋于希望输出量 $X_{\mathrm{or}}(s)$。同时偏差信号逐渐减小，当输出达到希望值时，即 $X_{\mathrm{or}}(s) = X_{\mathrm{o}}(s)$，偏差信号 $\varepsilon(s) = 0$。在实际的控制系统中，偏差信号是可以测量的，具有一定的物理意义，因此，找出误差信号与偏差信号间的关系，就可以通过偏差信号求得系统的误差。

当输出达到理想状态时，$\varepsilon(s) = 0$。此时，$X_{\mathrm{i}}(s) = H(s) X_{\mathrm{o}}(s)$，所以

$$\mu(s) = \frac{1}{H(s)} \tag{6-1-6}$$

$$E(s) = \frac{1}{H(s)} X_{\mathrm{i}}(s) - X_{\mathrm{o}}(s) \tag{6-1-7}$$

由式（6-1-4）可得 $\varepsilon(s) = X_{\mathrm{i}}(s) - H(s) X_{\mathrm{o}}(s)$，与式（6-1-7）比较可得误差信号 $E(s)$ 与偏差信号 $\varepsilon(s)$ 之间的关系为

$$E(s) = \frac{1}{H(s)} \varepsilon(s) \quad \text{或} \quad \varepsilon(s) = H(s) E(s) \tag{6-1-8}$$

对于单位反馈控制系统来说 $H(s) = 1$，此时 $E(s) = \varepsilon(s)$。

```
%稳态误差计算 MATLAB 示例代码
%求系统 G(s)=1/(s^2+2s+1) 在不同输入下的稳态误差
G = tf([1],[1 2 1])
t = 0:0.1:10;

%求单位阶跃输入的稳态误差
mstep=ones(size(t));%单位阶跃函数
y1=lsim(G,mstep,t);
err1=y1-1;
plot(t,err1)

%求单位斜坡输入的稳态误差
ramp = t;%单位斜坡函数
y2=lsim(G,ramp,t);
err2=y2-ramp';
plot(t,err2)

%求单位加速度输入的稳态误差
accel = 0.5*t.^2;%单位加速度函数
y3=lsim(G,accel,t)
err3=y3-accel';
plot(t,err3)
```

上述程序也可以采用符号计算方式直接求出稳态误差。

```
%求系统 G(s)=1/(s^2+2s+1) 在不同输入下的稳态误差
syms s t
G = 1/(s^2 + 2*s + 1)

%求单位阶跃输入的稳态误差
x1=heaviside(t);%单位阶跃函数
X1=laplace(x1)
Y1=G*X1
y1=ilaplace(Y1)
err1=limit(y1-1,t,inf)

%求单位斜坡输入的稳态误差
x2=t;%单位斜坡函数
X2=laplace(x2)
Y2=G*X2
y2=ilaplace(Y2)
err2=limit(y2-x2,t,inf)
```

```
%求单位加速度输入的稳态误差
x3=0.5*t.^2;%单位加速度函数
X3=laplace(x3)
Y3=G*X3
y3=ilaplace(Y3)
err3=limit(y3-x3,t,inf)
```

6.2 输入引起的稳态误差的计算

6.2.1 稳态误差计算

闭环反馈控制系统如图 6-2-1 所示。

如前所述，稳态误差 $e_{ss}=\lim\limits_{t\to\infty}e(t)$，由终值定理可知

$$e_{ss}=\lim_{t\to\infty}e(t)=\lim_{s\to0}sE(s) \qquad (6-2-1)$$

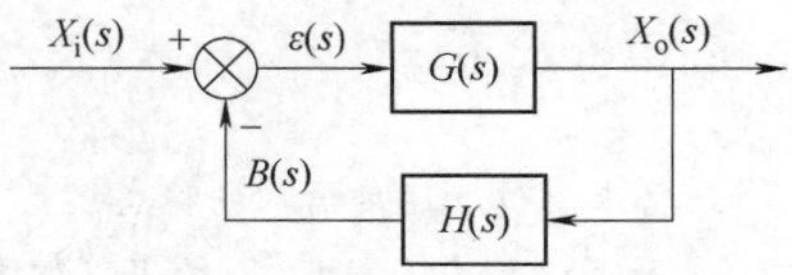

将式（6-1-8）代入可得

$$e_{ss}=\lim_{s\to0}s\frac{\varepsilon(s)}{H(s)} \qquad (6-2-2)$$

图 6-2-1 闭环反馈控制系统

对于如图 6-2-1 所示反馈控制系统，可得

$$\varepsilon(s)=\frac{1}{1+G(s)H(s)}X_i(s) \qquad (6-2-3)$$

所以，稳态误差 e_{ss} 计算式为

$$e_{ss}=\lim_{s\to0}s\frac{1}{H(s)}\frac{1}{1+G(s)H(s)}X_i(s) \qquad (6-2-4)$$

对于单位反馈，稳态误差 e_{ss} 计算式为

$$e_{ss}=\lim_{s\to0}s\frac{1}{1+G(s)}X_i(s) \qquad (6-2-5)$$

【例 6-2-1】 某反馈控制系统如图 6-2-2 所示，当输入信号为 $x_i(t)=1$（$t>0$）时，求其稳态误差。

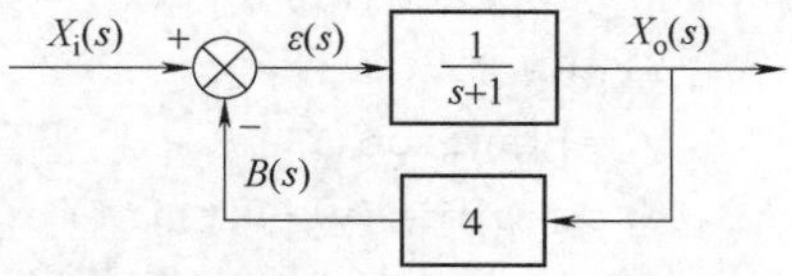

解：输入信号的拉普拉斯变换为

$$X_i(s)=L\left[x_i(t)\right]=\frac{1}{s}$$

图 6-2-2 例 6-2-1 反馈控制系统

由误差计算公式得

$$e_{ss}=\lim_{s\to0}s\frac{1}{H(s)}\frac{1}{1+G(s)H(s)}X_i(s)=\lim_{s\to0}s\cdot\frac{1}{4}\cdot\frac{1}{1+\frac{1}{s+1}\cdot4}\cdot\frac{1}{s}=0.05$$

6.2.2 静态误差系数

如图 6-2-2 所示反馈控制系统，设其开环传递函数为

$$G_{K}(s) = G(s)H(s) = \frac{K\prod\limits_{i=1}^{m}(\tau_i s + 1)}{s^{\nu}\prod\limits_{j=1}^{n-\nu}(T_j s + 1)}, n \geq m \qquad (6\text{-}2\text{-}6)$$

当 $\nu=0$ 时，称为 0 型系统；当 $\nu=1$ 时，称为Ⅰ型系统；当 $\nu=2$ 时，称为Ⅱ型系统。Ⅲ型或Ⅲ型以上的系统很难稳定，实际上很少见，本章不进行讨论。

1. 单位阶跃信号输入

当输入为单位阶跃信号时，由式（6-2-3）可得系统的稳态偏差为

$$\varepsilon_{ss} = \lim_{s\to 0} s\varepsilon(s) = \frac{1}{1+\lim\limits_{s\to 0}G(s)H(s)} = \frac{1}{1+K_p} \qquad (6\text{-}2\text{-}7)$$

式中，K_p 为静态位置误差系数，其定义式为

$$K_p = \lim_{s\to 0}G(s)H(s)$$

系统的稳态误差为

$$e_{ss} = \frac{\varepsilon_{ss}}{H(0)} = \frac{1}{H(0)}\frac{1}{1+K_p} \qquad (6\text{-}2\text{-}8)$$

由式（6-2-6）可知，对于 0 型系统，有

$$K_p = \lim_{s\to 0}\frac{K\prod\limits_{i=1}^{m}(\tau_i s + 1)}{\prod\limits_{j=1}^{n-\nu}(T_j s + 1)} = K$$

对于Ⅰ型系统，有

$$K_p = \lim_{s\to 0}\frac{K\prod\limits_{i=1}^{m}(\tau_i s + 1)}{s\prod\limits_{j=1}^{n-\nu}(T_j s + 1)} = \infty$$

对于Ⅱ型系统，有

$$K_p = \lim_{s\to 0}\frac{K\prod\limits_{i=1}^{m}(\tau_i s + 1)}{s^2\prod\limits_{j=1}^{n-\nu}(T_j s + 1)} = \infty$$

则在单位阶跃信号作用下，稳态误差分别如下：

0 型系统的稳态误差为

$$e_{ss} = \frac{1}{H(0)}\frac{1}{1+K}$$

Ⅰ、Ⅱ型系统的稳态误差均为

$$e_{ss} = \frac{1}{H(0)}\frac{1}{1+K_p} = 0$$

由上可知，在单位阶跃输入作用下，0 型系统的稳态误差与系统的开环静态放大倍数 K 有关，K 值越大，系统的精度越高，同时系统的稳定性储备越小，因此，K 只是一个有限值，即稳态误差是一个与 K 有关的常数。说明 0 型系统对于单位阶跃输入信号能实现有差跟踪，为消除误差，可以在开环传递函数中串联积分环节，使系统变为 I 型系统或 II 型系统。

2. 单位斜坡信号输入（单位速度信号输入）

当输入为单位斜坡信号时，系统的稳态偏差由式（6-2-3）可得

$$\varepsilon_{ss} = \lim_{s \to 0} s \frac{1}{[1 + G(s)H(s)]} = \frac{1}{\lim\limits_{s \to 0} sG(s)H(s)} = \frac{1}{K_v} \tag{6-2-9}$$

式中，K_v 为静态速度误差系数，其定义式为

$$K_v = \lim_{s \to 0} sG(s)H(s) \tag{6-2-10}$$

对于 0 型系统，有

$$K_v = \lim_{s \to 0} s \frac{K \prod\limits_{i=1}^{m} (\tau_i s + 1)}{\prod\limits_{j=1}^{n-\nu} (T_j s + 1)} = 0$$

对于 I 型系统，有

$$K_v = \lim_{s \to 0} s \frac{K \prod\limits_{i=1}^{m} (\tau_i s + 1)}{s \prod\limits_{j=1}^{n-\nu} (T_j s + 1)} = K$$

对于 II 型系统，有

$$K_v = \lim_{s \to 0} s \frac{K \prod\limits_{i=1}^{m} (\tau_i s + 1)}{s^2 \prod\limits_{j=1}^{n-\nu} (T_j s + 1)} = \infty$$

则在单位斜坡信号作用下，稳态误差分别如下：

0 型系统的稳态误差为

$$e_{ss} = \frac{1}{H(0)} \frac{1}{K_v} = \infty$$

I 型系统的稳态误差为

$$e_{ss} = \frac{1}{H(0)} \frac{1}{K_v} = \frac{1}{H(0)} \frac{1}{K}$$

II 型系统的稳态误差为

$$e_{ss} = \frac{1}{H(0)} \frac{1}{K_v} = 0$$

由上可知，在系统稳定的前提下，0 型系统不能跟踪斜坡信号；I 型系统能跟踪斜坡信号，但存在一定的误差，此误差与静态开环放大倍数成反比；在系统稳定的前提下，II 型系

统能准确地跟踪斜坡信号。

3. 单位加速度信号输入

当输入为单位加速度信号时，系统的稳态偏差为

$$\varepsilon_{ss} = \lim_{s \to 0} \frac{1}{s^2 [1 + G(s)H(s)]} = \frac{1}{\lim\limits_{s \to 0} s^2 G(s)H(s)} = \frac{1}{K_a} \tag{6-2-11}$$

式中，K_a 为静态加速度误差系数，其定义式为

$$K_a = \lim_{s \to 0} s^2 G(s)H(s) \tag{6-2-12}$$

对于 0 型系统，有

$$K_a = \lim_{s \to 0} s^2 \frac{K \prod\limits_{i=1}^{m} (\tau_i s + 1)}{\prod\limits_{j=1}^{n-\nu} (T_j s + 1)} = 0$$

对于 I 型系统，有

$$K_a = \lim_{s \to 0} s^2 \frac{K \prod\limits_{i=1}^{m} (\tau_i s + 1)}{s \prod\limits_{j=1}^{n-\nu} (T_j s + 1)} = 0$$

对于 II 型系统，有

$$K_a = \lim_{s \to 0} s^2 \frac{K \prod\limits_{i=1}^{m} (\tau_i s + 1)}{s^2 \prod\limits_{j=1}^{n-\nu} (T_j s + 1)} = K$$

则在单位加速度信号作用下，稳态误差分别如下：

0、I 型系统的稳态误差为

$$e_{ss} = \frac{1}{H(0)} \frac{1}{K_a} = \infty$$

II 型系统的稳态误差为

$$e_{ss} = \frac{1}{H(0)} \frac{1}{K_a} = \frac{1}{H(0)} \frac{1}{K}$$

由上可知，对于 0 型和 I 型系统，无法实现对单位加速度信号的跟踪，II 型系统对于单位加速度信号能实现有差跟踪。

需要注意的是，只有输入为阶跃、斜坡、加速度 3 种典型信号或是这 3 种信号的线性组合时，才可以利用静态误差系数 K_p、K_v、K_a 来计算系统的稳态误差。

表 6-2-1 列出了 3 种典型信号输入下 0 型、I 型、II 型系统的稳态误差，可以看出稳态误差与输入信号及系统的型次（即开环传递函数中含有的积分环节的个数）有关，在系统稳定的前提下，系统型次越高（即开环传递函数具有的积分环节的个数越多），系统的稳态误差越小，也就是系统的精度越高。

表 6-2-1 不同系统 3 种典型信号输入下的稳态误差

系 统 型 次	单位阶跃输入	单位斜坡输入	单位加速度输入
0 型系统	$\dfrac{1}{H(0)}\dfrac{1}{1+K}$	∞	∞
I 型系统	0	$\dfrac{1}{H(0)}\dfrac{1}{K}$	∞
II 型系统	0	0	$\dfrac{1}{H(0)}\dfrac{1}{K}$

对于单位反馈系统，$H(0)=1$，稳态误差与稳态偏差相等，即 $e_{ss}=\varepsilon_{ss}$。

```
%静态误差系数计算 MATLAB 示例代码
%已知开环传递函数，求静态位移误差系数、静态速度误差系数、静态加速度误差系数
syms s
G=1/(s^2+s)

%静态位移误差系数
Kp = limit(G,s,0)

%静态速度误差系数
Kv = limit(s*G,s,0)

%静态加速度误差系数
Ka = limit(s^2*G,s,0)
```

6.3 干扰引起的稳态误差的计算

我们在 6.2 节计算由输入引起的稳态误差时，只考虑了系统输入量的作用，不考虑干扰量的影响。实际上，控制系统在运行过程中，除了受到输入量的作用外，还会受到来自系统内部与外部的各种扰动因素的影响。这些扰动引起的系统稳态误差，称为扰动稳态误差。它的大小反映了系统抗干扰能力的强弱。带有干扰量的反馈控制系统框图如图 6-3-1 所示。

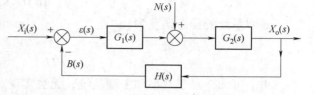

图 6-3-1 有干扰的反馈控制系统框图

我们在计算由干扰量引起的稳态误差时，不考虑输入量的作用。

干扰量 $N(s)$ 为输入，它所引起的偏差量为 $\varepsilon(s)$，两者间的关系为

$$\varepsilon(s)=\frac{-G_2(s)H(s)}{1+G_1(s)G_2(s)H(s)}N(s)$$

根据终值定理，干扰引起的稳态偏差为

$$\varepsilon_{ss} = \lim_{s \to 0} s\varepsilon(s) = \lim_{s \to 0} s \frac{-G_2(s)H(s)}{1+G_1(s)G_2(s)H(s)} N(s) \tag{6-3-1}$$

由干扰引起的稳态误差为

$$e_{ss} = \lim_{s \to 0} s \frac{\varepsilon(s)}{H(s)} = \lim_{s \to 0} s \frac{-G_2(s)}{1+G_1(s)G_2(s)H(s)} N(s) \tag{6-3-2}$$

同样地，只有在系统稳定的前提下，由干扰量所引起的稳态误差才有意义。对于由输入量和干扰量所共同引起的系统总的稳态误差，等于由这两者分别引起的稳态误差的代数和。

若记

$$G_0(s) = \frac{\prod\limits_{i=1}^{m}(\tau_i s + 1)}{\prod\limits_{j=1}^{n-\nu}(T_j s + 1)}$$

显然

$$\lim_{s \to 0} G_0(s) = 1$$

记

$$G_K(s) = G(s)H(s) = \frac{K}{s^{\nu}} G_0(s)$$

类似地，记

$$G_1(s) = \frac{K_1}{s^{\nu_1}} G_{01}(s) , G_2(s) = \frac{K_2}{s^{\nu_2}} G_{02}(s)$$

同样有

$$\lim_{s \to 0} G_{01}(s) = 1 , \lim_{s \to 0} G_{02}(s) = 1$$

以单位反馈系统为例，干扰引起的稳态误差为

$$e_{ss} = \lim_{s \to 0} \left[\frac{-s^{\nu_1}}{\dfrac{s^{\nu_1+\nu_2}}{K_2}+K_1} \cdot sN(s) \right] \tag{6-3-3}$$

由式（6-3-3）可见，当增大干扰作用之前的回路中的开环静态放大倍数 K_1，或是增加这段回路中的积分环节的数目 ν_1，均可以减小干扰引起的稳态误差，从而提高系统的准确度。减小干扰作用点到输出间的回路中的开环静态放大倍数 K_2，或是减小这段回路中的积分环节的数目 ν_2，同样可以减小干扰引起的稳态误差。

6.4 控制系统的校正

对于一个给定的控制系统，其元部件及参数已经确定。若系统不能全面地满足所要求的性能指标，应对给定的控制系统增加必要的元器件或环节，使系统能够全面地满足所要求的性能指标，这就是系统的校正。系统的性能指标是根据其所完成的具体任务，由使用单位或是受控对象的设计制造单位提出的。一个系统的几个性能指标间常常存在相互矛盾。例如，减小系统的稳态误差常会降低其相对稳定性，甚至会使系统不稳定。此时，要考虑首先满足主要性能指标的要求，再满足其他性能指标的要求。有时，需要采取折中的方案，加上必要

的校正，使所要求的性能指标都得到一定程度的满足。

　　这里所说的校正，是指在给定的系统中增加新的环节，靠这些环节的配置来有效地改善整个系统的控制性能。这一附加部分称为校正元件或校正装置。按校正装置在系统中的连接方式不同，可以分为串联校正、反馈校正和顺馈校正。其中最常用的两种校正是串联校正和反馈校正，分别如图 6-4-1、图 6-4-2 所示，顺馈校正如图 6-4-3 所示。图中，$G_c(s)$ 表示校正环节的传递函数，$G(s)$、$G_1(s)$、$G_2(s)$ 表示原系统的前向通道传递函数。

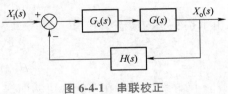

图 6-4-1　串联校正

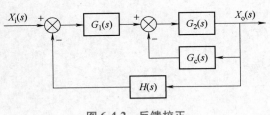

图 6-4-2　反馈校正

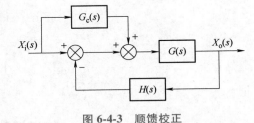

图 6-4-3　顺馈校正

6.4.1　串联校正

串联校正分为超前校正、滞后校正和滞后-超前校正 3 种，下面分别进行介绍。

1. 超前校正

如图 6-4-4 所示 RC 超前校正网络，实际上是一个高通滤波器电路。其传递函数为

$$G_c(s) = \frac{U_o(s)}{U_i(s)} = \frac{R_2}{R_1+R_2} \cdot \frac{R_1 Cs+1}{\frac{R_2}{R_1+R_2}R_1 Cs+1}$$

令

$$R_1 C = T; \ \frac{R_2}{R_1+R_2} = \alpha, \ \alpha < 1$$

则此校正装置的传递函数为

$$G_c(s) = \alpha \frac{Ts+1}{\alpha Ts+1} \qquad (6\text{-}4\text{-}1)$$

其频率特性为

$$G_c(j\omega) = \alpha \frac{jT\omega+1}{j\alpha T\omega+1}$$

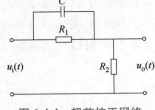

图 6-4-4　超前校正网络

相频特性为 $\varphi_c(\omega) = \arctan(T\omega) - \arctan(\alpha T\omega) > 0$。

　　此超前网络的频率特性曲线如图 6-4-5 所示。其幅频特性的渐近线具有正斜率段，相频特性曲线具有正相移。说明该校正装置在正弦信号作用下，其稳态输出的电压在相位上超前于输入，故称为相位超前校正，简称超前校正。

由 $\varphi_c'(\omega)=0$ 可知最大超前相位为

$$\varphi_m = \arcsin\frac{1-\alpha}{1+\alpha}$$

最大超前相位处的频率值为

$$\omega_m = \frac{1}{\sqrt{\alpha}\,T}$$

超前校正改善了原系统的稳定性，并获得了足够的快速性，同时减小了超调量。

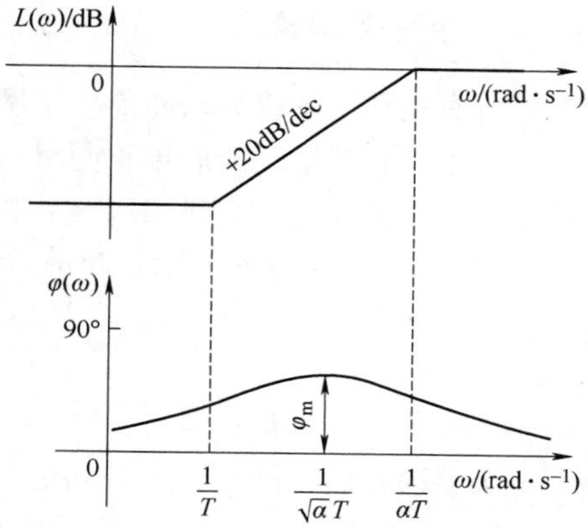

2. 滞后校正

图 6-4-6 所示为 RC 滞后校正网络，实际上是一个低通滤波器电路。其传递函数为

$$G_c(s) = \frac{U_o(s)}{U_i(s)} = \frac{R_2Cs+1}{\dfrac{R_1+R_2}{R_2}R_2Cs+1}$$

令

$$R_2C = T;\quad \frac{R_1+R_2}{R_2}=\beta,\quad \beta>1$$

则此校正装置的传递函数为

$$G_c(s) = \frac{Ts+1}{\beta Ts+1}$$

其频率特性为

$$G_c(j\omega) = \frac{jT\omega+1}{j\beta T\omega+1} \tag{6-4-2}$$

相频特性为 $\varphi_c(\omega) = \arctan(T\omega) - \arctan(\beta T\omega) < 0$。

此滞后网络的频率特性曲线如图 6-4-7 所示。其幅频特性的渐近线具有负斜率段，相频特性曲线具有负正相移。说明该校正装置在正弦信号作用下，其稳态输出的电压在相位上滞后于输入，故称为相位滞后校正，简称滞后校正。

由 $\varphi_c'(\omega)=0$ 可知最大滞后相位为

$$\varphi_m = -\arcsin\frac{\beta-1}{\beta+1}$$

最大滞后相位处的频率值为

$$\omega_m = \frac{1}{\sqrt{\beta}\,T}$$

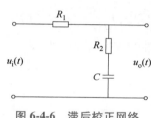

图 6-4-5　超前网络的频率特性曲线

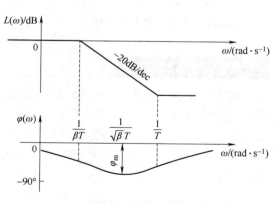

图 6-4-6　滞后校正网络

图 6-4-7　滞后网络的频率特性曲线

系统串联滞后校正后可减小稳态误差，校正后的幅值衰减作用使系统稳定。快速性要求不高的系统常采用滞后校正，如恒温控制系统。

3. 滞后-超前校正

前面提到，系统串联超前校正网络可以提高系统的稳定性和快速性，但是对改善系统的稳态误差没有帮助；滞后校正网络可以减小系统的稳态误差，却是以牺牲快速性为代价来提高系统的稳定性的。同时采用滞后和超前校正，可全面提高系统的控制性能。

如图 6-4-8 所示 RC 滞后-超前校正网络，其传递函数为

$$G_c(s) = \frac{U_o(s)}{U_i(s)} = \frac{(R_1C_1s+1)(R_2C_2s+1)}{(R_1C_1s+1)(R_2C_2s+1)+R_1C_2s}$$

令 $R_1C_1 = \tau_1$，$R_2C_2 = \tau_2$，设分母多项式可分解成两个一次多项式的乘积，T_1，T_2 为这两个一次多项式的时间常数，且满足 $T_1T_2 = \tau_1\tau_2$，$T_1 > \tau_1 > \tau_2 > T_2$，那么

$$G_c(s) = \frac{\tau_1 s+1}{T_1 s+1} \cdot \frac{\tau_2 s+1}{T_2 s+1} \tag{6-4-3}$$

式中，$\dfrac{\tau_1 s+1}{T_1 s+1}$ 为滞后网络传递函数；$\dfrac{\tau_2 s+1}{T_2 s+1}$ 为超前网络传递函数。滞后-超前网络的频率特性曲线如图 6-4-9 所示。

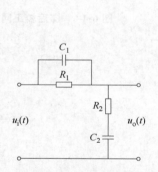

图 6-4-8　滞后-超前校正网络

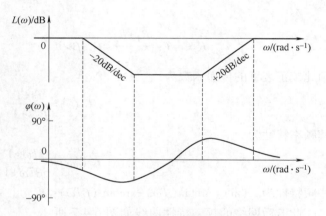

图 6-4-9　滞后-超前网络的频率特性曲线

6.4.2　PID 校正

前面所述的 3 种 RC 校正网络都是由电容和电阻组成的无源网络，简单的 RC 校正网络的放大倍数不可能大于 1。在实际工程控制系统中，常采用由运算放大器、电阻、电容组成的有源校正网络（称为调节器）。其中应用最广泛的是按比例（P）、积分（I）、微分（D）进行控制的 PID 调节器（也称 PID 校正装置）。PID 校正是负反馈闭环控制，与被控对象串联，是串联校正的一种。

1. P 调节器（比例调节）

比例调节器的调节规律是：调节器的输出信号 $u(t)$ 与系统的偏差信号 $\varepsilon(t)$ 成正比。控制规律为

$$u(t) = K_P \varepsilon(t) \tag{6-4-4}$$

式中，K_P 称为比例系数（或称为比例增益）。

比例调节的传递函数为

$$G_c(s) = K_P \tag{6-4-5}$$

可见，增大 K_P 可以减小偏差，但是同时会导致系统的稳定性降低。K_P 过大，会导致系统的振荡加剧和不稳定。

2. I 调节器（积分调节）

积分调节器的调节规律是：系统的偏差信号 $\varepsilon(t)$ 调节积分调节器的控制作用后，得到输出信号 $u(t)$。控制规律为

$$u(t) = \frac{1}{T_I} \int_0^t \varepsilon(t)\,\mathrm{d}t \tag{6-4-6}$$

式中，T_I 称为积分时间常数。

积分调节的传递函数为

$$G_c(s) = \frac{1}{T_I s} \tag{6-4-7}$$

积分调节器可以实现无差调节，即系统平衡后，偏差值为零。

3. D 调节器（微分调节）

微分调节器的调节规律是：系统的偏差信号 $\varepsilon(t)$ 调节微分调节器的控制作用后，得到输出信号 $u(t)$。控制规律为

$$u(t) = T_D \frac{\mathrm{d}\varepsilon(t)}{\mathrm{d}t} \tag{6-4-8}$$

式中，T_D 称为微分时间常数。

微分调节的传递函数为

$$G_c(s) = T_D s \tag{6-4-9}$$

微分调节是针对偏差的变化速率进行控制的，可以对被调量的变化趋势进行调节，可以及时避免出现大的偏差。

4. PID 调节器（比例积分微分调节）

由上述可知，比例、积分、微分调节各有其优缺点，单独使用其中一种调节并不能满足控制要求，可组合使用。PID 调节控制规律为

$$u(t) = K_P \varepsilon(t) + \frac{1}{T_I} \int_0^t \varepsilon(t)\,\mathrm{d}t + T_D \frac{\mathrm{d}\varepsilon(t)}{\mathrm{d}t} \tag{6-4-10}$$

其传递函数为

$$G_c(s) = K_P + \frac{1}{T_I s} + T_D s \tag{6-4-11}$$

其框图如图 6-4-10 细点画线框内所示。

在 PID 调节器中可以选择的参数有 K_P、T_I、T_D 3 个，不同的取值可以得到不同组合的调节器，常用的有 PI 调节器、PD 调节器和 PID 调节器。其中 PI 调节器的相位始终是滞后的，

PD 调节器的相位始终是超前的，同时为了避免微分引起的高频噪声增加，通常会在分母增加一阶环节，因此超前校正也认为是近似的 PD 校正。

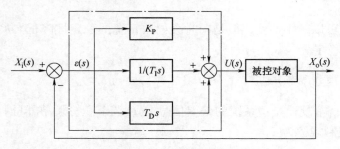

图 6-4-10　PID 调节器框图

PID 调节原理简单，其参数整定方便、结构灵活、适应性强，可广泛应用于多种工业过程控制，如化工、冶金、炼油、造纸等。对于系统性能要求比较高的情况，采用 PID 控制通常都能取得满意的控制效果。

```
%PID 调节 MATLAB 示例代码
%定义模型
s = tf('s')
G = 1/(s^2 + 2 * s + 1);

%定义 PID 控制器参数
Kp = 1;
Ki = 1;
Kd = 1;
C = pid(Kp, Ki, Kd);

%仿真 PID 控制器结果并输出
T = 0:0.01:30;
r = ones(size(T));
[y, t] = lsim(feedback(C * G, 1), r, T);
plot(t, y, t, r);
```

6.4.3　反馈校正

反馈校正也称并联校正，是指在主反馈环内加入局部反馈装置的校正方式。反馈校正不仅能收到与串联校正同样的效果，同时还能改变被包围环节的动态结构参数，甚至利用反馈校正装置取代被包围环节，从而减弱甚至消除这部分环节的参数波动对系统性能的不利影响。

1. 反馈校正改变局部结构和参数

图 6-4-11a 所示校正装置传递函数为 $G_c = K_H$，即积分环节被比例环节包围。校正后回路的传递函数为

$$G(s) = \frac{\dfrac{K}{s}}{1 + \dfrac{K}{s} \cdot K_H} = \frac{\dfrac{1}{K_H}}{\dfrac{1}{KK_H}s + 1}$$

结果由校正前的积分环节转变成校正后一阶惯性环节。

图 6-4-11b 所示为一阶惯性环节被比例环节包围。校正后回路的传递函数为

$$G(s) = \frac{\dfrac{K}{Ts+1}}{1 + \dfrac{K}{Ts+1} \cdot K_H} = \frac{\dfrac{K}{1+KK_H}}{\dfrac{T}{1+KK_H}s + 1}$$

校正后的结果仍然是一阶惯性环节，时间常数和静态放大倍数比原系统减小，且反馈系数 K_H 越大，校正后环节的时间常数越小，响应越快速。

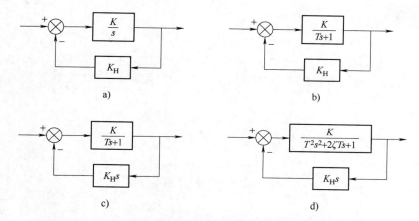

a)　　　　　　　　　b)

c)　　　　　　　　　d)

图 6-4-11　局部反馈回路框图

图 6-4-11c 所示为一阶惯性环节被微分环节包围。校正后回路的传递函数为

$$G(s) = \frac{\dfrac{K}{Ts+1}}{1 + \dfrac{K}{Ts+1} \cdot K_H s} = \frac{K}{(T+KK_H)s + 1}$$

校正后的结果仍然是一阶惯性环节，时间常数比原系统增大了，且反馈系数 K_H 越大，校正后环节的时间常数越大，系统的快速性变差。

图 6-4-11d 为二阶振荡环节被微分环节包围。校正后回路的传递函数为

$$G(s) = \frac{K}{T^2 s^2 + (2\zeta T + KK_H)s + 1}$$

校正后的结果仍然是二阶振荡环节，但阻尼比较原环节增大，使系统的振荡减弱，稳定性提高。

2. 反馈校正取代局部结构

图 6-4-12 所示系统，校正后的回路频率特性为

$$G_j(j\omega) = \frac{G(j\omega)}{1+G(j\omega)G_c(j\omega)}$$

在一定频率范围内选择合适的结构参数，使得
$|G(j\omega)G_c(j\omega)| \gg 1$，则有

$$G_j(j\omega) \approx \frac{1}{G_c(j\omega)}$$

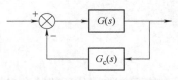

图 6-4-12　反馈校正取代局部结构

此时，校正后回路的传递函数可以表示为

$$G_j(s) \approx \frac{1}{G_c(s)}$$

原环节的传递函数可以用反馈校正环节的传递函数替代。这种反馈校正，可以用来取代不希望存在的某些环节，达到消除非线性、变参数的影响并抑制干扰。

思考题

6-1　误差与偏差有什么区别？它们之间有什么关系？

6-2　某系统框图如题图 6-1 所示，求系统的静态位置误差系数、静态速度误差系数和静态加速度误差系数，并计算系统在单位阶跃信号和斜坡信号 $x_i(t)=5t \cdot 1(t)$ 作用下的稳态误差。

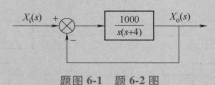

题图 6-1　题 6-2 图

6-3　某系统框图如题图 6-2 所示，当输入信号 $x_i(t)=1(t)$，干扰信号 $N(t)=1(t)$ 时，求系统的稳态误差。

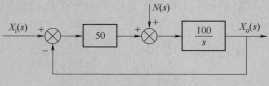

题图 6-2　题 6-3 图

6-4　如题图 6-3 所示系统，试求：当输入信号分别为 $x_i(t)=t \cdot 1(t)$，$x_i(t)=\frac{1}{2}t^2 \cdot 1(t)$ 时系统的稳态误差。

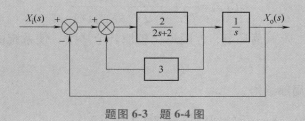

题图 6-3　题 6-4 图

6-5　已知某单位反馈系统的开环传递函数为 $G(s)=\dfrac{10}{s(0.1s+1)(0.5s+1)}$。求系统的静态位置误差系数、静态速度误差系数和静态加速度误差系数，以及当输入信号为 $x_i(t)=4t\cdot1(t)$ 时系统的稳态误差。

6-6　系统结构如题图 6-4 所示，求当输入信号 $r(t)=2t+t^2$ 时，系统稳态误差。

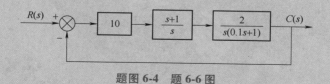

题图 6-4　题 6-6 图

6-7　控制系统的校正方法都有哪些？

第7章

测试系统的基本特性

测试系统是由传感器、信号调理、信号处理、显示记录等环节组成。被测试信号经过测试系统后，得到测试结果，测试结果是否真实反映待测参数变化的规律，取决于测试者所选择使用的测试系统与待测信号及测试要求是否相适应。因此，测试之前除了要了解信号的特点之外，还必须要了解测试系统的基本特性。

7.1　测试系统及其主要性质

每个测试系统均具有某种确定的数学表达式，我们只研究数学关系，不关心内部物理结构。测试系统与输入输出的关系同样可由图 7-1-1 表示，理想测试系统应该具有单值的、确定的输入-输出关系，即对应于每一输入量，都只有单一的输出量与之对应，以输出与输入呈线性关系为最佳。实际测试系统往往无法在较大范围内满足这种要求，而只能在较小的工作范围内和在一定误差允许范围内满足这个要求。

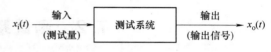

图 7-1-1　测试系统与输入输出的关系

测试系统的输入 $x_i(t)$ 和输出 $x_o(t)$ 之间的关系可用常系数线性微分方程式（7-1-1）来描述。

$$a_0 x_o^{(n)}(t) + a_1 x_o^{(n-1)}(t) + \cdots + a_{n-1} \dot{x}_o(t) + a_n x_o(t)$$
$$= b_0 x_i^{(m)}(t) + b_1 x_i^{(m-1)}(t) + \cdots + b_{m-1} \dot{x}_i(t) + b_m x_i(t) \qquad (7\text{-}1\text{-}1)$$

式中，t 为时间自变量；系数 a_n，a_{n-1}，$\cdots$，a_0 和 b_m，b_{m-1}，$\cdots$，b_0 均为不随时间变化的常数。对于测试系统，其结构及其所用元器件的参数决定了式（7-1-1）中系数 a_n，a_{n-1}，$\cdots$，a_0 和 b_m，b_{m-1}，$\cdots$，b_0 的大小及其量纲。由于一个实际的物理系统中的各元器件的物理参数并非能保持常数，如电子元器件中的电阻、电容、半导体器件的特性等都会受温度的影响，这些都会导致系统微分方程参数 a_n，a_{n-1}，$\cdots$，a_0 和 b_m，b_{m-1}，$\cdots$，b_0 的时变性，所以理想的定常线性系统是不存在的。在工程实际中，常以足够的精确度忽略非线性和时变因素，认为多数常见物理系统的参数 a_n，a_{n-1}，$\cdots$，a_0 和 b_m，b_{m-1}，$\cdots$，b_0 均是时不变的常数，而把一些时变线性系统当作定常线性系统来处理。本章的讨论仅限于定常线性系统。

因此对于测试系统，同样满足线性定常系统具有的所有性质，如，叠加性意味着作用于线性装置的各个输入所产生的输出是互不影响的。在分析众多输入同时加在装置上所产生的总效果时，可以先分别分析单个输入的效果，然后将这些效果叠加起来表示总效果。已知系统是线性的和其输入的频率，那么依据频率保持性，可以认定测得信号中只有与输入频率相同的成分才真正是由该输入引起的输出，而其他频率成分都是噪声。进而依据这一特性，采用相应的滤波技术，在很强的噪声干扰下，把有用的信息提取出来。又比如由于信号的频域函数实际上是用信号的各频率成分的叠加来描述的，因此同频性与叠加原理相结合，研究复杂输入信号所引起的输出时，就可以转换到频域中去研究，研究输入频域函数所产生的输出的频域函数等。根据输入量与输出量的特点可将测试系统的特性分为静态特性与动态特性。

测试系统的静态特性指的是在输入量和输出量不随时间变化或者随着时间变化的速度远远慢于系统固有最低阶运动模式的变化的情况时，输出与输入之间的关系。此时，测试系统输出与输入之间的函数关系可以用代数方程表示。简单来说，静态特性主要反映了测试系统的输出如何对系统输入做出响应，而没有考虑输入信号的任何时间变化。

测试系统的动态特性主要反映了系统在输入量和输出量随时间迅速变化时的响应能力，即输入变化引发的测试系统输出的动态过程，通常可以用微分方程、传递函数、频率响应函数和状态方程进行描述。简单来说，动态特性反映了系统对于输入变化的敏感程度，以及响应特点。

对测试系统的基本要求为输出信号能够真实反映被测物理量（输入信号）的变化过程，不使信号发生畸变，即实现不失真测试。需要注意的是，理想的测试系统应具有单值的、确定的输入输出关系。而实际的测试装置只能在较小工作范围内和在一定误差允许范围内满足线性要求。

7.2 测试系统的静态特性

工程上常用下列一些指标来描述测试系统的静态特性。

1. 测量范围

测量范围是指能保证测量仪器规定准确度满足误差在规定极限内的测量值最小值（即下限）和最大值（即上限）间的范围，即在允许误差限内测量仪器测量值的范围。例如，一支玻璃温度计的测量范围是$-30 \sim 100℃$。

选用的测量仪器测量范围过大时，会出现测量值反应不灵敏的现象，造成较大的误差；测量范围过小时，测量值将会超过仪器的承受能力，毁坏仪器设备。因此，使用者必须对所用测量仪器的测量范围心中有数，避免出现测量范围过大或过小的现象。

2. 量程

在一般情况下，量程的概念包含了测量范围。但严格来说，量程与测量范围有所区分，主要是指测量范围上限值和下限值之差。例如，一支玻璃温度计的测量范围是$-30 \sim 100℃$，它的量程为$130℃$。量程可以方便地用来确定测量仪器的引用误差。

3. 过载能力

过载能力是与测量仪器量程相关的一个重要指标值，它指的是超过测量仪器测量范围的上限值以后能够承受的能力范围。对于测量仪器设备，其标定的量程往往会留有余量，在超过测量上限值时，测量系统的各种性能指标是得不到保证的。过载能力通常用一个允许的最大值或者用满量程值的百分数来表示。

4. 准确度

用仪表测量数据时，测量误差是不可避免的。所谓准确度是指测量值 x 接近真实值 x_0 的程度，准确度的度量方法有绝对误差 Δ、相对误差 ε 等。测量仪表的准确度不仅与测量的绝对误差有关，还与仪表的量程有关，此时常常采用引用误差来描述测量仪表的准确度，即

正常条件下测量绝对误差 Δ 与量程 A 的比值来表示，常常写成百分数，即

$$\delta = \frac{\Delta}{A} \times 100\%$$

由于在测量仪表测量范围内的每个示值的绝对误差 Δ 都是不同的，为了方便给出测量仪表的准确度，定义最大引用误差 δ_{max} 为测量仪表的准确度，并以该准确度的百分数 a 定义准确度等级，即

$$\delta_{max} = \frac{\Delta_{max}}{A} \times 100\% = a\%$$

准确度等级是衡量仪表质量优劣的重要指标之一，我国工业仪表准确度等级有：0.005、0.02、0.05、0.1、0.2、0.35、0.4、0.5、1.0、1.5、2.5、4.0 等。级数越小，准确度就越高。例如，某电压表为 1.0 级准确度，就是指其最大引用误差为 1.0%。

若有两块这样 1.0 级准确度的电压表，其测量范围分别为 $-10 \sim 10V$、$0 \sim 20V$，分别使用其进行测量时，结果的最大绝对误差均为 $20V \times 1.0\% = \pm 0.2V$，可见虽然测量范围不同但其准确度是相同的。

由准确度的定义可知，对于准确度给定的测量仪器，不宜选用大量程来测量较小的量值，否则会使测量误差增大。准确度反映了测量中各类误差的综合。测量准确度越高，则测量结果中所包含的系统误差和随机误差越小，当然测量系统的价格就越昂贵。因此，应从实际情况出发，选用准确度合适的测量仪器，通常尽量避免让测量系统在小于 1/3 的量程范围内工作。

误差理论分析表明，由不同准确度的测量仪器组成的测试系统，其测试结果的最终准确度主要取决于准确度最低的那一台仪器。因此，应当尽量选用同等准确度的仪器来组成所需的测试系统。如果不可能同等准确度，则前面环节的准确度应高于后面环节的准确度。

5. 灵敏度

在静态测试时，输入信号 $x_i(t)$ 和输出信号 $x_o(t)$ 不随时间变化，或者随时间变化但变化缓慢以至可以忽略时，测试系统输入与输出之间呈现的关系就是测试系统的静态特性。此时，式（7-1-1）中各阶导数为零，于是微分方程变为

$$x_o(t) = \frac{a_0}{b_0} x_i(t) = S x_i(t) \quad \text{或} \quad x_o = S x_i \quad\quad (7\text{-}2\text{-}1)$$

式（7-2-1）就是理想的线性时不变系统的静态特性方程，即输出是输入的单调、线性比例函数，其中斜率 S 应是常数。描述静态特性方程的曲线称为测试系统的静态特性曲线，如图 7-2-1 所示。

测量仪表的灵敏度是指测量范围内，测量仪表的输出量增量 Δx_i 与相应的输入量增量 Δx_o 之比，即式（7-2-1）中的 $\frac{a_0}{b_0}$，也用 S 来表示。理想的线性测试系统的静态特性曲线为一条直线，直线的斜率即为灵敏度，且为常数。实际的测试系统并非线性时不变系统，其输出与输

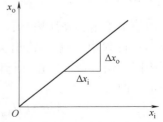

图 7-2-1　理想测试系统的静态特性曲线

入往往不是理想直线，即灵敏度随输入量的变化而改变，这样静态特性可用多项式表示，即

$$x_o = S_0 + S_1 x_i + S_2 x_i^2 + \cdots + S_n x_i^n \tag{7-2-2}$$

式中，S_0，S_1，S_2，$\cdots$，S_n 为常量；x_i 为输入信号；x_o 为输出信号。这也意味着不同的输入量对应的灵敏度大小是不相同的，通常用一条拟合直线代替实际特性曲线，该拟合直线的斜率作为测试系统的平均灵敏度。

灵敏度可以看成是仪表单位输入下，输出变化的最小变化量，其量纲等于输出量纲与输入量纲之比。当测试系统输入和输出量纲相同，灵敏度也称为"放大倍数"或"增益"。灵敏度反映了测试系统对输入量变化的反应能力，灵敏度的高低可以根据系统的测量范围、抗干扰能力等决定。通常，灵敏度越高就越容易引入外界干扰和噪声，从而使稳定性变差，测量范围变窄。

多个相互独立单元组成的测试系统的灵敏度可以看成是各个单元灵敏度的乘积。

6. 非线性度

由于各种条件因素的影响，理论上线性的测量仪表的实际测量曲线与理论直线往往存在偏差（图7-2-2）。非线性度表征测量仪表的输出、输入关系曲线与所选用的拟合直线之间的最大相对误差，即

$$L = (\Delta_{max}/Y) \times 100\%$$

式中，Y 为满量程输入下输出的值。

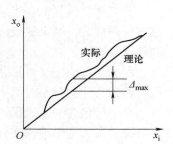

图 7-2-2　非线性度的测量

任何测量系统都有一定的线性范围。在线性范围内，输出与输入呈比例关系，线性范围越宽，表明测量系统的有效量程越大。测量系统在线性范围内工作是保证测量精度的基本条件。然而实际测量系统是很难保证其绝对线性的，因此，在实际应用中，只要能满足测量精度要求，也可以在近似线性的区间内工作，必要时，可以进行非线性补偿。

7. 分辨力

分辨力是指测量仪器可感受到的被测量的最小变化的能力。也就是说，如果输入量从某一非零值缓慢地变化，当输入变化值未超过某一数值时，传感器的输出不会发生变化，即传感器对此输入量的变化是分辨不出来的。只有当输入量的变化超过分辨力时，其输出才会发生变化。

8. 回程误差

回程误差用于表征测量仪器在正（输入量增大）反（输入量减小）行程中，输入-输出关系曲线的偏差程度（图7-2-3），常用相同的输入量下，正反行程输出的最大差值 H_{max} 与 Y 的相对值表示，即

$$B = (H_{max}/Y) \times 100\%$$

产生回程误差的主要原因有两个：一是测试系统中有吸收能量的元件，如磁性元件（磁滞）和弹性元件（弹性滞后）；二是

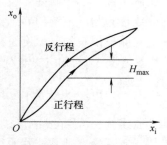

图 7-2-3　回程误差的测量

在机械结构中存在摩擦和间隙等缺陷。磁性材料的磁化曲线和金属材料的受力-变形曲线常常会导致这种回程误差。当测试装置存在死区时，也可能出现这种现象。

9. 重复性误差

重复性误差表征在相同条件下，输入量按同一方向做全量程多次变化时所得特性曲线之间的一致程度（图 7-2-4），即

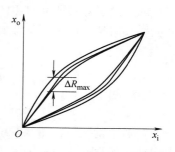

$$r_R = \frac{\Delta R_{max}}{Y} \times 100\%$$

各条特性曲线越靠近，重复性越好，说明测量仪表的可靠程度越高。

图 7-2-4　重复性误差的测量

10. 稳定性

稳定性是指测量仪表在相当长的时间内，保持其性能的能力，一般用室温下，经过某一规定时间后的输出与起始输出之间的差异表示。

零漂是测试系统不稳定的常见现象，表示测量系统在零输入状态下，输出值的漂移，主要包括时间漂移和温度漂移。时间漂移一般是指在规定时间内，在室温不变或电源不变的条件下，测量系统的零输出的变化情况。温度漂移是指绝大部分测量系统在温度变化时其特性会有所变化。产生漂移的原因有两个方面：一是仪器自身结构参数的变化；二是周围环境的变化（如温度、湿度等）对输出的影响。

11. 负载效应

在测试工作中，为了完成测试任务，测试系统往往由若干个环节通过串联或并联的方式所组成。理想情况下，这种连接只有信息传递而没有能量交换，则可以直接以各环节的传递函数乘积或和来计算测试系统的传递函数，因此各环节连接前后仍保持原来的传递函数。

但是事实上，当一个测量环节接到另一个被测环节上时，必然对前者产生影响，并引起某些能量的交换，这就是测试系统的负载效应。由于负载效应的影响，被测量值发生某些偏离，甚至造成测量的失败。出现这种现象主要有两个原因：一是连接点的状态即连接点的物理参数将发生变化；二是各环节都不再简单地保持原来的传递函数，而是共同形成一个整体系统的新传递函数，故整个系统的传输特性将会有所变化。

例如，我们需要测量一个压力传感器的输出信号，并将其连接到一个多通道采集系统中。若这个压力传感器的标称输出为 0~10V，并具有 100kΩ 的输出电阻，而选用的采集卡测量范围为 ±5V，并且输入阻抗大约为 1MΩ，可以有两种不同的接法。

接法 1：将压力传感器通过模拟调节电缆（如 4~20mA）转换成电流信号，再用电阻变压模块降低电流信号的电平并转换成与采集卡匹配的 1~5V 电压信号。

接法 2：直接将输出电压信号接入到采集卡的输入端。

由于本身该压力传感器就有 100kΩ 的输出电阻，接法 2 的输入电阻为 1MΩ，会产生一个较大的电压分压比，导致实测电压信号下降到更小值，同时在采集过程中需要极其高的放大倍数才能得到有用的数据。因此，在这个测试系统底部信号放大器沟通滞后或者电源漂移的情况下，就可能会产生一些测量偏差，并使采集精度降低。相比之下，接法 1 的输入阻抗

为千欧量级，并且通过相应电路元器件进行了增益放大和抗干扰措施，测试数据更加稳定和准确，受到负载影响的程度也较小。因此在测试系统的选择时必须考虑这类负载效应，分析接入负载后对被研究对象的影响，即应该尽可能地降低前置设备的输出电阻并增大后置设备的输入阻抗，以减少负载效应的影响。

7.3　测试系统的动态特性

通常情况下，测试系统视为线性时不变系统，根据测试系统的物理结构和所遵循的物理定律，建立起输出和输入关系的运动微分方程。在动态测试中，通常采用测试系统的频率特性来描述测试系统的动态特性。

测试系统的种类和形式很多，但它们一般属于或者可以简化为一阶或二阶系统。任何高阶系统都可以看作是若干个一阶和二阶系统的串联或并联，掌握了一阶和二阶系统的动态特性，就可以了解各种测试系统的动态特性。

1. 零阶测试系统的动态特性

微分方程式（7-1-1）中的微分项系数均为 0 时，测量系统称为 0 阶系统，有

$$a_n x_o(t) = b_m x_i(t)$$

此时，输入 $x_i(t)$ 和输出 $x_o(t)$ 之间的关系可用如下方程表示，即该系统只具有一个比例环节：

$$x_o(t) = S x_i(t)$$

式中，$S = b_m / a_n$。该系统是具有静态灵敏度为 S 的比例系统，其频率特性方程为

$$G(j\omega) = \frac{X_o(j\omega)}{X_i(j\omega)} = S$$

其幅频特性与相频特性分别为

$$\begin{cases} A(\omega) = S \\ \varphi(\omega) = 0 \end{cases}$$

这说明输出信号的频谱仅仅会按照一定比例复现输入信号，且不发生畸变，因此，我们称该系统为理想的测试系统（图 7-3-1a）。

但是现实世界中不存在 0 延时，因此我们也将滞后时间为 t_0 的延时环节称为 0 阶系统（图 7-3-1b），则

$$x_o(t) = S x_i(t - t_0)$$

其频率特性方程为

$$G(j\omega) = \frac{X_o(j\omega)}{X_i(j\omega)} = S e^{-j\omega t_0}$$

即其幅频特性与相频特性分别为

$$\begin{cases} A(\omega) = S \\ \varphi(\omega) = -\omega t_0 \end{cases} \tag{7-3-1}$$

可见，两种 0 阶测试系统频率响应函数的幅频响应均为常数，不随频率变化而发生改

变，即这两个零阶测试系统的输出信号都可以无畸变地复现输入信号；相频响应中，后者的相位滞后角度随频率增大而线性增大。可以看出，前者是后者的特殊情况，即延时环节完整地包含了实现不失真测量应当具有的幅频特性和相频特性，因此定义延时环节为理想的不失真测量系统，由式（7-3-1）规定的幅频、相频特性称为不失真测量条件。

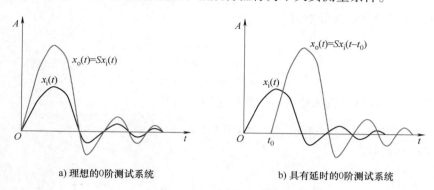

a) 理想的0阶测试系统　　　　　　　b) 具有延时的0阶测试系统

图 7-3-1　0 阶测试系统

判断一个动态测量系统动态性能的优劣，应当将它的幅频特性 $A(\omega)$、相频特性 $\varphi(\omega)$ 与不失真测量系统的幅频特性 $A_N(\omega)$、相频特性 $\varphi_N(\omega)$ 相比较，这两种差异常用动态幅值误差 r 和相位误差 $\Delta\varphi$ 来描述：

$$r = \frac{|A(\omega)| - |A_N(\omega)|}{|A_N(\omega)|} \tag{7-3-2}$$

$$\Delta\varphi = \varphi(\omega) - \varphi_N(\omega) \tag{7-3-3}$$

两类误差越小，性能越好。

当所分析的测试系统作为一台测量仪器，且使用目的仅是从其输出信号掌握其输入信号时，我们更关注的往往是动态幅值误差，而存在一定的相位误差是允许的。但当该测量系统构成控制系统的反馈环节时，其输出信号的相位误差便十分重要了，当它的相位误差达到 180° 时，负反馈可能变成正反馈，从而影响系统的稳定性。

2. 一阶测试系统的动态特性

在常见的测试装置中，质量为 0 的弹簧-阻尼系统、RC 低通滤波器、温度传感器、涡流传感器、热电偶等，都属于一阶系统。它们的输入、输出关系可以用一阶微分方程来表示，即

$$a_{n-1}\dot{x}_o(t) + a_n x_o(t) = b_m x_i(t)$$

此时，输入 $x_i(t)$ 和输出 $x_o(t)$ 之间的关系可表示为

$$\tau \frac{dx_o(t)}{dt} + x_o(t) = S x_i(t)$$

式中，τ 为系统的时间常数，$\tau = a_{n-1}/a_n$；S 为该系统的静态灵敏度，$S = b_m/a_n$。这样，其频率特性方程为

$$G(j\omega) = \frac{X_o(j\omega)}{X_i(j\omega)} = S\frac{1}{1+j\omega\tau}$$

在动态特性分析中，静态灵敏度只起着使输出量增加为 S 倍的作用，为了讨论问题方便，常令 $S = b_m/a_n = 1$。其频率特性方程为

$$G(j\omega) = \frac{X_o(j\omega)}{X_i(j\omega)} = \frac{1}{1 + j\omega\tau}$$

其幅频特性与相频特性分别为

$$\begin{cases} A(\omega) = \dfrac{1}{\sqrt{1 + (\omega\tau)^2}} \\ \varphi(\omega) = -\arctan(\omega\tau) \end{cases} \tag{7-3-4}$$

式（7-3-4）中的负号表示输出信号滞后于输入信号。

```
%绘制一阶系统的对数坐标图的 MATLAB 示例代码
%G=1/(0.01s+1)

%建立传递函数
num = [1];
den = [0.01 1];
G = tf(num, den)

%绘制对数坐标图
figure();
bode(G);
grid on
```

图 7-3-2 所示为一阶系统的幅频特性曲线和相频特性曲线。

由图 7-3-2 可知，一阶系统具有以下特点：

1）当 $\omega = 0$ 时，幅值比 $A(\omega) = 1$ 为最大，相位差 $\varphi(\omega) = 0$，幅值误差与相位误差为零，输出信号与输入信号的幅值、相位相同。随着 ω 的增大，幅值误差 $A(\omega)$ 逐渐减小，相位误差 $\varphi(\omega)$ 逐渐增大，这表明测试系统输出信号的幅值衰减加大，相位滞后角逐渐增大，因此二阶系统适用于测试缓变信号或低频信号。

由式（7-3-2）可知，对于一阶系统，$A_N(0) = A(0) = 1$，当许用误差为 ε 时，定义系统的幅值误差

$$r = \left| \frac{A(\omega) - A(0)}{A(0)} \right| \times 100\% = |A(\omega) - 1| \times 100\% \leqslant \varepsilon \tag{7-3-5}$$

2）时间常数 τ 决定一阶系统适用的频率范围，定义 $\omega_\tau = 1/\tau$ 为转折频率，$L(\omega_\tau) = -3\text{dB}$。

当 $\omega \leqslant 1/\tau$ 时，$A(\omega) \approx 1$，表明测试系统输出近似等于输入，此时的相位误差与频率呈线性关系，保证了测试不失真，输出 $x_o(t)$ 能够真实地反映输入 $x_i(t)$ 的变化规律。

时间常数 τ 越小，测试系统的动态范围越宽，频率响应特性越好，反之，τ 越大，则系统的动态范围就越小。因此，时间常数 τ 是反映一阶测试系统动态特性的重要参数。

一阶系统是一个低通环节，即仅对于 ω_τ 的输入频率响应较好，为了减小一阶系统的稳态响应动态误差、增大工作频率范围，应尽可能采用时间常数 τ 小的测试系统。

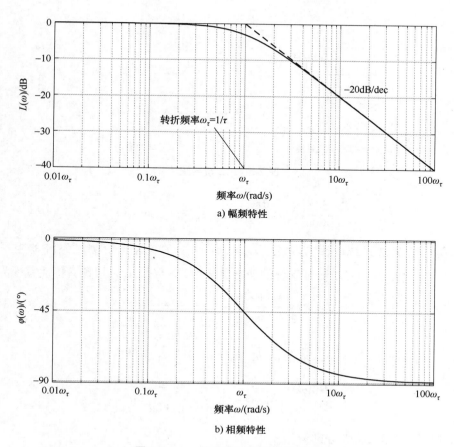

a) 幅频特性

b) 相频特性

图 7-3-2　一阶系统的频率特性曲线

如图 7-3-3 所示，质量为 0 的，由弹簧、阻尼器组成的机械测试系统属于一阶测试系统。

可以得到其微分方程为

$$c \frac{\mathrm{d}x(t)}{\mathrm{d}t} + kx(t) = F(t)$$

或

$$\tau \frac{\mathrm{d}x(t)}{\mathrm{d}t} + x(t) = SF(t)$$

式中，$\tau = c/k$，$S = 1/k$。

图 7-3-3　弹簧-阻尼系统

3. 二阶测试系统的动态特性

质量-弹簧-阻尼系统（图 7-3-4a）、RLC 电路（图 7-3-4b）、压电式加速度传感器等，都属于二阶系统。它们的输入、输出关系可以用二阶微分方程来表示，即

$$a_{n-2} \ddot{x}_o(t) + a_{n-1} \dot{x}_o(t) + a_n x_o(t) = b_m x_i(t) \tag{7-3-6}$$

此时，输入 $x_i(t)$ 和输出 $x_o(t)$ 之间的关系可表示为

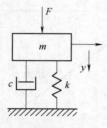
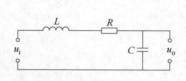

a) 质量-弹簧-阻尼系统 b) RLC电路

图 7-3-4 二阶系统

$$\frac{\mathrm{d}^2 x_o(t)}{\mathrm{d}t^2} + 2\zeta\omega_n \frac{\mathrm{d}x_o(t)}{\mathrm{d}t} + \omega_n^2 x_o(t) = S\,\omega_n^2 x_i(t) \tag{7-3-7}$$

式中，ω_n 为二阶测试系统的固有频率，$\omega_n = \sqrt{a_n/a_{n-2}}$；$\zeta$ 为二阶测试系统的阻尼比，$\zeta = a_{n-1}/(2/\sqrt{a_n a_{n-2}})$；$S$ 为二阶测试系统的静态灵敏度，$S = b_m/a_n$。其频率特性方程为

$$G(\mathrm{j}\omega) = \frac{X_o(\mathrm{j}\omega)}{X_i(\mathrm{j}\omega)} = S\,\frac{1}{1 - \left(\dfrac{\omega}{\omega_n}\right)^2 + 2\mathrm{j}\zeta\dfrac{\omega}{\omega_n}}$$

同样，为了讨论问题方便，常令 $S = b_m/a_n = 1$。其频率特性方程为

$$G(\mathrm{j}\omega) = \frac{X_o(\mathrm{j}\omega)}{X_i(\mathrm{j}\omega)} = \frac{1}{1 - \left(\dfrac{\omega}{\omega_n}\right)^2 + 2\mathrm{j}\zeta\dfrac{\omega}{\omega_n}} \tag{7-3-8}$$

其幅频特性与相频特性分别为

$$\begin{cases} A(\omega) = \dfrac{1}{\sqrt{\left(1 - \left(\dfrac{\omega}{\omega_n}\right)^2\right)^2 + 4\zeta^2\left(\dfrac{\omega}{\omega_n}\right)^2}} \\[6mm] \varphi(\omega) = -\arctan\dfrac{2\zeta\dfrac{\omega}{\omega_n}}{1 - \left(\dfrac{\omega}{\omega_n}\right)^2} \end{cases} \tag{7-3-9}$$

式（7-3-9）中的负号表示输出信号滞后于输入信号。

```
%绘制不同阻尼比下的二阶系统的对数坐标图(伯德图)的 MATLAB 示例代码
%建立传递函数
zeta=[0.1 0.2 0.4 0.6 0.8 1];
wn=1;
for i=zeta
num = [wn^2];
den = [1 2*i*wn wn^2];
G = tf(num, den);
%绘制对数坐标图
```

```
bode(G);
hold on
end
grid on
```

图 7-3-5 所示为二阶系统的幅频特性曲线和相频特性曲线。

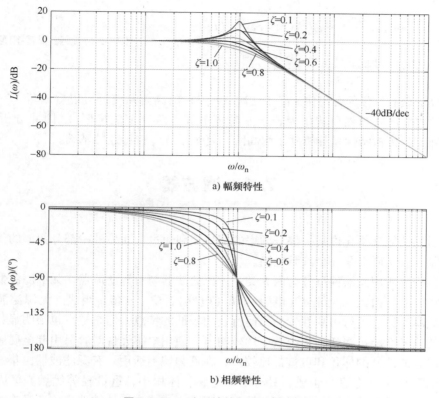

a) 幅频特性

b) 相频特性

图 7-3-5　二阶系统的频率特性曲线

由图 7-3-5 可知，二阶系统具有以下特点：

1）二阶系统也是一个低通环节。当 $\zeta < 1$，$\omega < \omega_n$ 时，$A(\omega) \approx 1$，幅频特性平直，输出与输入呈线性关系，$\varphi(\omega)$ 与 ω 也呈线性关系。此时，系统的输出 $y(t)$ 能够真实再现输入 $x(t)$ 的波形。

2）二阶系统的频率响应与阻尼比 ζ 有关。不同的阻尼比 ζ，其幅频和相频特性曲线不同。$\zeta < 1$ 为欠阻尼，$\zeta = 1$ 为临界阻尼，$\zeta > 1$ 为过阻尼。一般系统都在欠阻尼状态工作。

3）二阶系统的频率响应与固有频率 ω_n 有关。在二阶系统的阻尼比 ζ 不变时，系统的固有频率 ω_n 越大，工作频率范围越宽。

综上所述，二阶系统频率响应特性的好坏，主要取决于系统的固有频率 ω_n 和阻尼比 ζ。推荐采用阻尼比 $\zeta \approx 0.7$，且频率在 $0 \sim 0.6\omega_n$ 范围内变化，此时测试系统的动态特性较好，其幅值误差不超过 5%，相频特性 $\varphi(\omega)$ 接近于直线，即测试系统的失真较小。如果给定了允许的幅值误差 ε 和系统的阻尼比 ζ，就能确定系统的可用频率范围。

如图 7-3-6 所示，质量-弹簧-阻尼系统是一个典型的
二阶测试系统。

可以得到其微分方程为

$$m\frac{d^2x(t)}{dt^2}+c\frac{dx(t)}{dt}+kx(t)=F(t)$$

或

$$\frac{d^2x(t)}{dt^2}+2\zeta\omega_n\frac{dx(t)}{dt}+\omega_n^2 x(t)=S\omega_n^2 F(t)$$

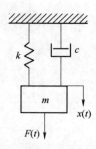

图 7-3-6　质量-弹簧-阻尼系统模型

式中，$\omega_n=\sqrt{k/m}$，$\zeta=\dfrac{c}{2\sqrt{mk}}$，$S=1/k$。

理论分析表明，任何分母中 s 高于三次（$n>3$）的高阶系统都可以看成若干一阶环节和
二阶环节的并联（也自然可转化为若干一阶环节和二阶环节的串联）。因此分析并了解一
阶、二阶环节的传输特性是分析并了解高阶、复杂系统传输特性的基础。

7.4　滤波器

滤波器的功能就是允许某一部分频率的信号顺利通过，而另外一部分频率的信号则受到
较大的抑制，它实质上是一个选频电路。

滤波器按照所用元器件可分为两大类：无源滤波器与有源滤波器。无源滤波器不需要额
外提供电源，主要由无源元件 R（电阻）、L（电感）、C（电容）组成。无源滤波器具有结
构简单、成本低廉、运行可靠性较高、运行费用较低的特点，但是缺点也很明显，无源滤波
器通带内的信号有能量损耗，负载效应比较明显，使用电感元件时容易引起电磁感应，当电
感 L 较大时，滤波器的体积和重量都比较大，在低频域不适用。有源滤波器由集成运算放大
器和 R（电阻）、C（电容）组成，具有不用电感、体积小、重量轻等优点。集成运算放大
器的开环电压增益和输入阻抗均很高，输出电阻小，构成有源滤波器电路还具有一定的电压
放大和缓冲作用，但是集成运放的带宽有限，所以目前有源滤波器电路的工作频率难以做得
很高。且有源滤波器不适用于高压大电流的负载，常用于信号处理。

滤波器按其阶次可分成一阶、二阶、…、n 阶滤波器。实际滤波器的传递函数是一个有
理函数，即

$$H(s)=\frac{b_m s^m+b_{m-1}s^{m-1}+\cdots+b_1 s+b_0}{a_n s^n+a_{n-1}s^{n-1}+\cdots+a_1 s+a_0}$$

式中，n 为滤波器的阶数。对特定类型滤波器而言，其阶数越大，阻频带对信号的衰减能力
也越大。因为高阶传递函数可以写成若干一阶、二阶传递函数的乘积，所以可以把高阶滤波
器的设计归结为一阶、二阶滤波器的设计。

滤波器按频率特性可分为 4 种类型：低通滤波器、高通滤波器、带通滤波器和带阻滤波
器。它们的频率特性如图 7-4-1 所示。

滤波器中，把信号能够通过的频率范围，即其幅频响应中的增益近似于常数的频带称为
通频带或通带；反之，信号受到很大衰减或完全被抑制的频率范围称为阻带。通带和阻带之

间的分界频率称为截止频率，通常取增益下降 3dB、1dB 或 0.5dB 时对应的频率点，这也表明了阻带中的信号并不是被完全衰减掉了，而是存在一段逐渐衰减的过渡带。

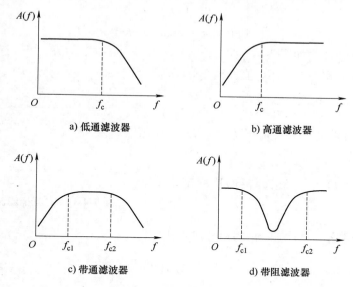

图 7-4-1 滤波器频率特性

图 7-4-1 中，低通滤波器允许频率 $f=0$ 与截止频率 f_c 之间低频信号通过而不衰减，并且从截止频率 f_c 开始，使信号的高频成分衰减；高通滤波器允许高于截止频率 f_c 的高频信号通过并使低频成分衰减；带通滤波器在高频和低频对信号进行衰减，使中间的频率通过，其中，$f_{c1} \sim f_{c2}$ 为该带通滤波器的通频带；与带通滤波器相反，带阻滤波器允许高频和低频通过但对中间一段频率衰减，其中，$f_{c1} \sim f_{c2}$ 为该带阻滤波器的阻带。

1. RC 低通滤波器

图 7-4-2 所示 RC 低通滤波器是一种典型的低通无源滤波器。RC 滤波器电路简单，抗干扰能力强，有较好的低频性能。

设该滤波器的输入电压为 u_i，输出电压为 u_o，其微分方程为

$$RC \frac{\mathrm{d}u_o(t)}{\mathrm{d}t} + u_o(t) = u_i(t)$$

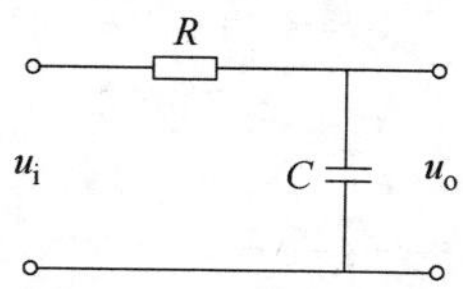

显然这是典型的一阶系统。令时间常数 $\tau = RC$，其频率特性方程为

图 7-4-2 RC 低通滤波器

$$G(\mathrm{j}\omega) = \frac{U_o(\mathrm{j}\omega)}{U_i(\mathrm{j}\omega)} = \frac{1}{\mathrm{j}\omega\tau + 1}$$

上述频率特性方程采用的是角频率 ω（单位为 rad/s）作为变量。对于滤波器，往往使用频率 f（单位为 Hz）作为变量更加方便，根据角频率与频率之间的关系，可以得到使用频率 f 作为变量的频率特性方程为

$$G(f) = \frac{1}{\mathrm{j}2\pi f\tau + 1} \tag{7-4-1}$$

其幅频特性与相频特性分别为

$$\begin{cases} A(\omega) = \dfrac{1}{\sqrt{1+(2\pi f\tau)^2}} \\ \varphi(\omega) = -\arctan(2\pi f\tau) \end{cases} \qquad (7\text{-}4\text{-}2)$$

绘制其幅频特性曲线如图 7-4-3 所示。

该滤波器截止频率取决于 RC 值，截止频率为

$$f_c = \frac{1}{2\pi RC}$$

当 $f \ll f_c$ 时，可近似认为其幅频特性 $A(f)=1$，信号不受衰减地通过。

当 $f=f_c$ 时，$A(f)=\dfrac{1}{\sqrt{2}}$，也即幅值比稳定幅值降了 -3dB。

当 $f \gg f_c$ 时，输出 u_o 与输入 u_i 的积分成正比，即

$$u_o = \frac{1}{RC}\int u_i \mathrm{d}t$$

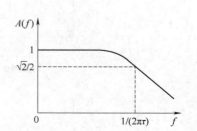

图 7-4-3　RC 低通滤波器幅频特性曲线

其对高频成分的衰减率为 $-20\text{dB}/\text{dec}$。

上面的 RC 低通滤波器也可以通过电阻与电容的物理特性进行解释，当输入信号的频率低时，电容器的阻抗相对于电阻器的阻抗高；因此，大部分输入电压在电容器上。当输入频率较高时，电容器的阻抗相对于电阻器的阻抗较低，这意味着电阻器上的电压降低，即较少的电压输出。因此，低频通过并且高频被阻挡。

可以看出，滤波器本质上是对特定频段幅值的衰减，但对于 RC 低通滤波器，这种衰减速率往往很缓慢（如下面的 MATLAB 代码所示），实际设计电路时它并不是很有用，但它对于理解滤波器很有帮助。

```
%RC 低通滤波器 MATLAB 示例代码
syms t s;    %使用 syms 定义变量

%生成周期信号
f=50:50:1000;  %信号频率
A=ones(size(f));%信号幅度
xi=0;
for i=1:length(f)
    xi=xi+A(i)*sin(2*pi*f(i)*t);
end


%RC 低通滤波器参数设置
R = 500;%电阻值
C = 1e-6;%电容值
G = 1/(R*C*s+1);%定义 RC 低通滤波器的传递函数
```

```
xi = laplace(xi);      %对输入函数进行拉普拉斯变换
xo = ilaplace(G * Xi);      %Xo(s)=G(s)Xi(s),并通过逆变换求 xo(t)

%参数设置
fs = 2000;%采样频率
T = 1/fs;%采样周期
L = 4000;%信号长度
to = (0:L-1) * T;%时间向量

%将输入输出信号转为数值量,绘制原始信号和滤波后的时域信号
xi=eval(subs(xi,t,to));
xo=eval(subs(xo,t,to));

figure()
subplot(2,1,1);
plot(to,xi);
xlim([0 0.1]);
title('原始信号');
xlabel('时间 (s)');
ylabel('幅值');
subplot(2,1,2);
plot(to,xo);
xlim([0 0.1]);
title('低通滤波后的信号');
xlabel('时间 (s)');
ylabel('幅值');

%以下基于第 2 章的 FFT 程序代码,绘制输入与输出的频域信号
figure()
subplot(2, 1, 1);
x=xi;
Nf=length(x);
yk=fft(x,Nf);
Pxx=abs(yk) * 2/Nf;
fi=fs/Nf * (0:Nf-1);
figure (2)
plot(fi(1:Nf/2),Pxx(1:Nf/2))
xlabel('频率 (Hz)')
ylabel('幅值')
xlim([0 600]);

subplot(2, 1, 2);
```

```
x=xo;
Nf=length(x);
yk=fft(x,Nf);
Pxx=abs(yk)*2/Nf;
fo=fs/Nf*(0:Nf-1);
figure(2)
plot(fo(1:Nf/2),Pxx(1:Nf/2))
xlabel('频率(Hz)')
ylabel('幅值')
xlim([0 600]);
```

2. RC 高通滤波器

RC 高通滤波器的典型电路如图 7-4-4 所示。

设滤波器的输入电压为 u_i，输出电压为 u_o，其微分方程为

$$u_o + \frac{1}{RC}\int u_o \mathrm{d}t = u_i$$

同理，令 $\tau = RC$，其频响函数为

$$G(f) = \frac{\mathrm{j}2\pi f\tau}{\mathrm{j}2\pi f\tau + 1} \tag{7-4-3}$$

其幅频特性与相频特性分别为

$$\begin{cases} A(\omega) = \dfrac{2\pi f\tau}{\sqrt{1+(2\pi f\tau)^2}} \\ \varphi(\omega) = -\arctan\left(\dfrac{1}{2\pi f\tau}\right) \end{cases} \tag{7-4-4}$$

绘制其幅频特性曲线如图 7-4-5 所示。

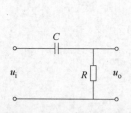

图 7-4-4　RC 高通滤波器

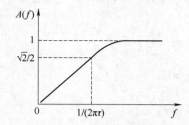

图 7-4-5　RC 高通滤波器幅频特性曲线

该滤波器截止频率同样取决于 RC 值，截止频率为

$$f_c = \frac{1}{2\pi RC}$$

当 $f \gg f_c$ 时，可近似认为其幅频特性 $A(f)=1$，信号不受衰减地通过。

当 $f=f_c$ 时，$A(f) = \dfrac{1}{\sqrt{2}}$，也即幅值比稳定幅值降了 $-3\mathrm{dB}$。

当 $f \ll f_c$ 时，其对低频成分衰减，衰减率为 $-20\text{dB}/\text{dec}$。

3. 带通滤波器与带阻滤波器

带通滤波器是一种常用的信号处理电路，它可以过滤掉一定范围外的频率成分，同时保留其范围内的信号成分。为了实现带通滤波器，通常需要将一个低通滤波器和一个高通滤波器串联起来。低通滤波器用于去除高频噪声和干扰信号，而高通滤波器则用于去除低频噪声和干扰信号。当两个滤波器串联（图 7-4-6a）时，它们的截止频率会相互影响，从而决定了带通滤波器的截止频率范围。如果低通滤波器的截止频率小于高通滤波器的截止频率，那么它们就不能形成带通滤波器，因此，对于由低通和高通滤波器串联组成的带通滤波器，低通滤波器的截止频率必须大于高通滤波器的截止频率。

但要注意当多级滤波器串联时，因为后一级成为前一级的"负载"，而前一级又是后一级的信号源内阻。因此，两级间常采用运算放大器等进行隔离，实际的带通滤波器通常是有源的。

带阻滤波器是另一种常见的滤波器类型，其作用与带通滤波器相反，是将输入信号中特定频率范围外的信号进行保留，而对该频率范围内的信号进行抑制。将两个滤波器并联起来即可构成带阻滤波器，如图 7-4-6b 所示。需要注意的是，高通滤波器的截止频率一定要大于低通滤波器的截止频率，否则新构成的滤波器就会变成全通滤波器。

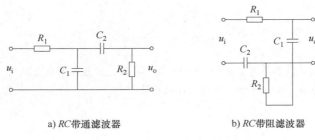

a) RC 带通滤波器　　　　b) RC 带阻滤波器

图 7-4-6　RC 带通与 RC 带阻滤波器

思考题

7-1　测试系统有哪些静态特性指标？

7-2　什么是不失真测量？

7-3　待测压缩机转速为 $1000\text{r}/\text{min}$，现有 1.0 级准确度、量程为 $6000\text{r}/\text{min}$ 及 2.0 级准确度、量程为 $1500\text{r}/\text{min}$ 的两个转速表，用它们分别测量该压缩机转速的最大绝对误差与最大相对误差分别是多少？使用哪一个转速表较好？并说明原因。

7-4　一台准确度等级为 0.5，量程范围为 $500\sim1000℃$ 的温度传感器，其最大允许绝对误差是多少？检验时某点最大绝对误差是 $3.5℃$，问此表是否合格？

7-5　进行动态压力测量时，所采用的压电式力传感器的灵敏度为 $50\text{nC}/\text{MPa}$，将它与增益为 $5\text{mV}/\text{nC}$ 的电荷放大器相连，电荷放大器的输出接到一台笔式记录仪上，记录仪的灵敏度为 $20\text{mm}/\text{V}$。计算这个测量系统的灵敏度。当压力变化为 4.2MPa 时，记录笔在记录纸上的偏移量是多少？

7-6　用电容式传感器测量一个气罐中气体的压力，若传感器灵敏度为7pF/MPa，电荷放大器灵敏度为100mV/pF，电压显示表灵敏度为10格/V。计算这个测量系统的灵敏度，并确定当罐体压力为3MPa时系统的输出刻度。

7-7　某设备采用压电加速度传感器监测设备运行状态，该设备采用的压电加速度传感器的灵敏度为200pC/(m/s²)，后续连接了一台灵敏度为0.226mV/pC的电荷放大器，求该监测系统的灵敏度。若该设备输出电压为3.2V，测点的振动加速度为多少？若认为该测点加速度到达100m/s²以上，该设备发生故障，则报警电压应设为多少？

7-8　用一个一阶系统对100Hz的正弦信号进行测量，如要求限制振幅误差在4%以内，则时间常数应取多少？若用该系统测试表达式为$x(t)=\cos(500t)$的自由振动信号，给出输出信号的表达式。

7-9　用一个时间常数为0.1s的一阶测量装置进行测量，若被测信号按正弦规律变化，如果要求仪表指示值的幅值误差小于2%，被测信号的最高频率是多少？此时的相位误差是多少？如果被测信号的周期为1s，幅值为1，初始相位为0，其幅值误差与相位误差分别为多少？并给出输出信号的表达式。

7-10　题图7-1所示装置的幅频特性为$A(\omega)=\dfrac{\tau\omega}{\sqrt{(\tau\omega)^2+1}}$，用其去测量周期为1s和2s的正弦信号，得到的动态幅值误差分别是多少？（$R=350\mathrm{k}\Omega$，$C=1\mu\mathrm{F}$）

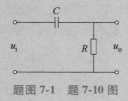

题图7-1　题7-10图

7-11　已知RC低通滤波器的电阻$R=1\mathrm{k}\Omega$，电容$C=1\mu\mathrm{F}$，其截止频率为多少？若想通过更换电容来过滤掉信号中高于2500Hz的频率成分，如何选择电容的大小？

第8章

常用传感器

我国国家标准 GB/T 7665—2005《传感器通用术语》对传感器的定义是：能感受被测量并按照一定的规律转换成可用输出信号的器件和装置。传感器是感知、获取与检测信息的窗口，一切科学研究与自动化生产过程要获取的信息都要通过传感器获取并通过它转换成容易传输与处理的电信号，其作用与地位特别重要。

传感器可以看成是由敏感元件、转换元件、转换电路组成的系统。因此，它同样拥有前面所述的测试系统的性质，即静态特性与动态特性。

8.1 电阻式传感器

电阻式传感器种类多样，应用广泛。其基本原理是将被测量的物理量变化转换为电阻值变化，再通过测量电路显示或记录变化。其中，电阻应变传感器的核心元件是电阻应变片。当被测试件或弹性敏感元件受到测量作用时，会产生位移、应力和应变。此时，粘贴在被测试件或弹性敏感元件上的电阻应变片会将应变转换为电阻变化。通过测量电阻应变片的电阻值变化，可以确定被测量的大小。

8.1.1 电阻应变片

金属导体或半导体材料在外力作用下发生机械变形时，其电阻值随着其伸长或缩短而发生变化的现象，称为电阻应变效应。应变片便是基于金属丝的应变效应进行测量的。

若金属丝的长度为 L，横截面积为 A，电阻率为 ρ，其未受力时的电阻为 R，则有

$$R = \rho \frac{L}{A} \tag{8-1-1}$$

如果金属丝沿轴线方向受拉力变形，其长度 L 变化为 dL，横截面积 A 变化 dA，电阻率 ρ 变化 $d\rho$，因而引起电阻变化 dR。对式（8-1-1）微分，有

$$\frac{dR}{R} = \frac{dL}{L} - \frac{dA}{A} + \frac{d\rho}{\rho} \tag{8-1-2}$$

对于圆形截面，$A = \pi r^2$，于是有

$$\frac{dA}{A} = 2\frac{dr}{r} \tag{8-1-3}$$

dL/L 为轴向应变 ε（金属丝轴向相对伸长）；dr/r 为径向应变 ε_r（金属丝径向相对伸长），两者之间存在关系

$$\frac{dr}{r} = -\nu\frac{dL}{L} = -\nu\varepsilon \tag{8-1-4}$$

负号表示变形的方向相反。由式（8-1-2）、式（8-1-3）和式（8-1-4）可得

$$\frac{dR}{R} = (1+2\nu)\varepsilon + \frac{d\rho}{\rho} \tag{8-1-5}$$

实验表明，金属材料电阻率的相对变化率 $d\rho/\rho$ 与其轴向应变成正比，即

$$\frac{d\rho}{\rho} = C\frac{dV}{V} = C\left(\frac{dL}{L} + \frac{dA}{A}\right) = C(1-2\nu)\varepsilon \tag{8-1-6}$$

式中，C 是一个由其材料及加工方式决定的常数，通常 $C = 1.13 \sim 1.15$。将式（8-1-6）代入式（8-1-5），可得金属材料发生形变时电阻相对变化率为

$$\frac{\mathrm{d}R}{R} = \left[(1+2\nu) + C(1-2\nu) \right] \varepsilon = S_\mathrm{m} \varepsilon \tag{8-1-7}$$

式中，S_m 为金属材料的应变灵敏度。

由式（8-1-7）可以明显看出，金属材料的灵敏度受两个因素影响：一个是受力后材料的几何尺寸变化，即 $(1+2\nu)$ 项；另一个是受力后材料的电阻率变化，即 $C(1-2\nu)$ 项。后者比前者小得多。大量试验表明，在电阻丝拉伸比例极限范围内，电阻的相对变化与其所受的轴向应变是成正比的，即 S_m 为常数，通常金属丝的 $S_\mathrm{m} = 1.7 \sim 3.6$。

不同的应变片材料具有不同的性能。锰白铜是最常用的电阻丝材料；卡玛合金适用于长时间静态测量，它比锰白铜具有更长的疲劳寿命和更宽的温度范围；铂钨合金具有极长的疲劳寿命。

金属应变片主要分为金属丝式应变片与金属箔式应变片两大类。

图 8-1-1 所示为金属丝式应变片，这是电阻应变片的典型结构，它由基底、敏感栅、覆盖层和引线组成。其中敏感栅是应变片的核心部分，实现应变-电阻的转换；敏感栅通常粘贴在绝缘基底上，其上再粘贴起保护作用的覆盖片，两端焊接引线。

图 8-1-2 所示为金属箔式应变片，其敏感栅是采用光刻技术刻成的一种很薄的金属箔栅。根据不同的测量要求，可以制成不同形状的敏感栅，亦可在同一应变片上制成不同数目的敏感栅，如图 8-1-3 所示。箔式应变片具有散热条件好、允许电流大、横向效应小、疲劳寿命长、生产过程简单、适于批量生产等优点，已经取代丝式应变片得到了广泛应用。

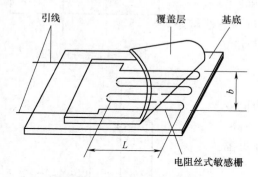

图 8-1-1 金属丝式应变片

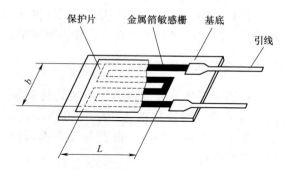

图 8-1-2 金属箔式应变片

和金属材料不同，硅、锗等单晶半导体材料电阻率相对变化与轴向应力 σ 成正比，即

$$\mathrm{d}\rho = \pi\sigma = \pi E \varepsilon \tag{8-1-8}$$

式中，π 为半导体材料沿受力方向的压阻系数；E 为半导体材料的弹性模量。

将式（8-1-8）代入式（8-1-5）可得半导体材料发生形变时电阻相对变化率为

$$\frac{\mathrm{d}R}{R} = \left[(1+2\nu) + \pi E \right] \varepsilon = S_\rho \varepsilon \tag{8-1-9}$$

式中，S_ρ 为半导体材料的应变灵敏度。

对于半导体材料，电阻应变效应主要来自压阻效应，且 πE 远大于 $(1+2\nu)$，相较于金属材料，半导体材料的灵敏度较大，为 $50 \sim 200$，分散性也较大。半导体应变片通常制成单

根形状，如图 8-1-4 所示。

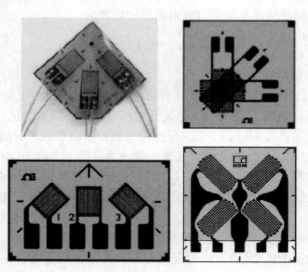

图 8-1-3　应变片

应变片安装方法有 3 种：粘贴法、焊接法和喷涂法，其中粘贴法最为常用。应变片粘贴前应首先对其外观进行检查。为使应变片粘贴牢固，需要事先对试件表面进行机械、化学处理，然后按照贴片定位、涂底胶、贴片、干燥固化、贴片质量检查、引线焊接与固定、导线防护与屏蔽等步骤完成应变片安装。

有些时候，电阻应变片往往充当转换元件，通过与一些敏感元件配合组成传感器进行力、位移等物理量信号的测量。

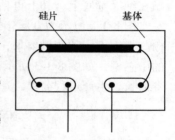

图 8-1-4　半导体应变片

1. 应变式力传感器

被测物理量为载荷或力的应变式传感器统称为应变式力传感器。测量范围为 $10^{-3} \sim 10^8 \mathrm{N}$，具有分辨率高、误差较小、测量范围大、静态与动态都可测、能在严酷环境工作等优点。

应变式力传感器由弹性敏感元件和应变片构成。最简单的敏感元件形式是一根轴向受载的杆（图 8-1-5）。这种类型的传感器用在额定力为 10kN ~ 5MN 的测量。在承受轴向荷载时，力导致弹性变形杆变粗，周长增大。通过 4 个应变片测量变形杆件的应变，这 4 个应变片与一个电桥相连，根据电桥的输出电压与应变片相对长度变化成正比，同时该长度变化也与测量杆所受载荷成正比。该传感器可进行较大的力的测量，对于较小的力，为获取较大的灵敏度，常采用专门制造的弹性变形体（图 8-1-6）。

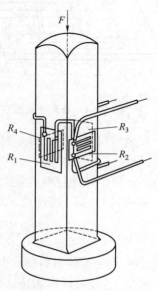

图 8-1-5　杆式力传感器

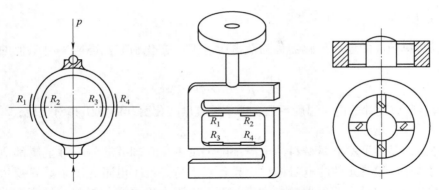

图 8-1-6　测力元件中的弹性变形体

2. 应变式扭矩传感器

扭矩是旋转机械的重要参数之一。应变式扭矩传感器是利用弹性元件在传递扭矩时产生的应变来测量扭矩的。由材料力学可知，轴在受到扭矩作用时其切应力 T 和切应变 γ 与它所传递的扭矩有线性关系，即

$$\gamma = \frac{\tau}{G} = \frac{M_e}{GW} = \frac{16M_e}{G\pi d^3} = KM_e \qquad (8\text{-}1\text{-}10)$$

式中，M_e 为转轴所受的扭矩；G 为剪切弹性模量；W 为圆轴断面的抗扭模量，对于实心圆轴 $W = \pi d^3 / 16$；d 为圆轴外径；K 为扭矩灵敏系数。

对于一个已知几何尺寸的轴来说，只要测出切应变 γ 就可利用式（8-1-10）计算出扭矩。由材料力学可知，当轴受到扭矩作用时，最大应力为切应力，且主应力方向分别与轴线成 45° 和 135°。因此，沿主应力方向粘贴应变片，如图 8-1-7 所示，测出主应变后即可算出主应力和扭矩。

在实际工程应用中，需要将应变式扭矩传感器的电信号从旋转轴上传递到测量仪器，常用方式有两类：一类是接触式传递方式，主要采用各种结构型式的集电环将电信号从旋转轴上传出，这种方式结构简单，在扭矩测量中应用较为广泛；另一类是非接触式传递方式，采用固定在旋转轴上的无线发射装置将电信号从旋转轴上传出，这种方式需要对旋转轴进行动平衡配重，主要应用于低速轴的扭矩测量。

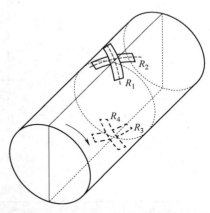

图 8-1-7　应变式扭矩传感器贴片方式

8.1.2　电阻式温度传感器

金属导体或半导体材料的电阻值除了受到本身形变的影响，还受到环境温度的影响，当温度升高 1℃ 时，大多数金属的阻值要增加 0.4%～0.6%，而半导体的电阻值要减小 3%～6%。利用电阻随温度变化的特性制成的传感器称为电阻式温度传感器。按采用的电阻材料不同可分为金属热电阻和半导体热敏电阻。

1. 金属热电阻

用金属材料制成的温度传感器称为热电阻。温度变化引起热电阻本身阻值的变化可表示为

$$R_t = R_{t_0}\left[1+\alpha(t-t_0)\right] \tag{8-1-11}$$

式中，α 为金属应变片的电阻温度系数，即单位温度变化引起的电阻相对变化；$t-t_0$ 为温度变化量。

需要注意的是，虽然金属材料的电阻都随温度变化，却并非每一种金属都适合做热电阻。适合用作测温敏感元件的电阻材料应具备以下特点：①电阻温度系数 α 要大。电阻温度系数越大，制成的温度传感器的灵敏度越高。电阻温度系数与材料的纯度有关，纯度越高，α 值就越大，杂质越多，α 值就越小，且不稳定；②材料的电阻率要大，这样可使热电阻体积较小，热惯性较小，对温度变化的响应就比较快；③在整个测量范围内，应具有稳定的物理化学性质；④电阻与温度的关系最好近于线性或为平滑的曲线，而且这种关系有良好的重复性；⑤易于加工复制，价格便宜。

根据以上要求，纯金属是制造热电阻的主要材料，广泛应用的有铂（Pt）、铜（Cu）、镍（Ni）、铁（Fe）等，其材料特性如图 8-1-8、表 8-1-1 所示。

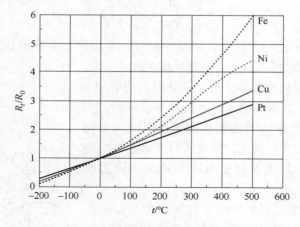

图 8-1-8 热电阻的电阻值与温度变化的关系

表 8-1-1 几种热电阻材料的特性

材料名称	$\alpha_0^{100}/10^{-3}\,℃^{-1}$	电阻率 $\rho/10^{-6}\,\Omega\cdot m$	测温范围/℃	电阻丝直径/mm	特 性
铂	3.8~3.9	0.0981	-200~500	0.05~0.07	近线性
铜	4.3~4.4	0.017	-50~150	0.1	线性
铁	6.5~6.6	0.10	-50~150	—	非线性
镍	6.3~6.7	0.12	-50~100	0.05	近线性

可以看出，铂、铜的电阻特性曲线更为理想。

（1）铂电阻温度传感器 铂金属的优点是物理化学性能极为稳定，具有耐高温、温度特性好、使用寿命长等特点，并具有良好的工艺性；其缺点是电阻温度系数较小。铂电阻温度

传感器是用铂金属丝双绕在云母和陶瓷支架上，端部引出连线，外面再套上玻璃或陶瓷护套，如图8-1-9所示。

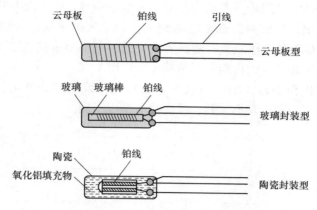

图 8-1-9　铂电阻温度传感器的构造

铂电阻温度传感器除了用于一般工业测温外，在国际实用温标中，还作为在−259.34～630.74℃温度区间的温度基准。

铂电阻温度传感器的准确度等级与铂的提纯程度有关，通常用百度电阻比 $W(100)=R_{100}/R_0$ 来表征铂的纯度，其中，R_{100} 和 R_0 分别是100℃和0℃时的电阻值。国内工业用标准铂电阻要求其百度电阻比 $W(100)\geqslant1.391$。

（2）铜电阻温度传感器　铜电阻温度传感器一般用于−50～150℃范围内的温度测量，在该测温范围内，其电阻值与温度间的关系呈近似线性关系。

铜电阻温度系数 α 高于其他金属的值，$\alpha=4.25\times10^{-3}/℃$，价格低廉，易于提纯。其缺点是电阻率小，故铜电阻丝必须做得细而长，从而使它的机械强度降低，同时纯铜极易氧化，只能用于无侵蚀性介质中。

镍和铁电阻虽然也适合做热电阻，但由于易氧化、非线性严重，应用较少。

2. 半导体热敏电阻

用半导体材料制成的热敏器件称为热敏电阻，外形如图8-1-10所示。按电阻-温度特性，可分为3类：负温度系数（NTC）热敏电阻、正温度系数（PTC）热敏电阻和临界温度系数（CTC）热敏电阻。其中PTC和CTC热敏电阻在一定温度范围内，阻值随温度剧烈变化，因此常用作开关元件，温度测量主要使用NTC热敏电阻。

图 8-1-10　热敏电阻

与热电阻相比，热敏电阻温度系数大，灵敏度高，这允许热敏电阻在较小的温度范围内或低温环境下工作，并且相对精确，在标准环境下，热敏电阻的灵敏度可以比金属热电阻高一个数量级。此外，热敏电阻传感器结构简单，成本也相对较低。没有外部保护层的热敏电阻只适用于干燥的环境，而密封的热敏电阻则能抵御湿气的侵蚀，可以在恶劣的环境下使用。由于热敏电阻传感器的阻值较大，故其连接导线的电阻和接触电阻可以忽略，因此热敏电阻传感器可以在长达几千米的远距离测量温度中应用。

热敏电阻的缺点也很明显，NTC 热敏电阻的特性曲线是非线性的，如图 8-1-11 所示。此外，热敏电阻性能不稳定，互换性差，导致测量精度不高。

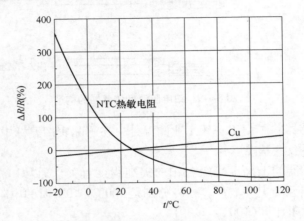

图 8-1-11　NTC 热敏电阻的特性曲线

热敏电阻中，锗电阻温度计在 0.05~100K 的温度范围内，有很好的精确性、重复性和灵敏性，是迄今所研究过的半导体中最理想的低温测量元件，它的测量精度可达到 0.005K，它与氧化钌温度计是两种能够应用在 100mK 以下的温度计，许多国家将锗电阻温度计作为 8.2~20K 之间的标准测温仪表。

除了直接测量温度，热敏电阻传感器还可用于液位的测量。给 NTC 热敏电阻传感器施加一定的加热电流，它的表面温度将高于周围的空气温度，此时它的阻值较小。当液面高于它的安装高度时，液体将带走它的热量，使温度下降、阻值升高。因此，判断热敏电阻的阻值变化，就可以知道液位是否低于设定值。汽车油箱中的油位报警传感器就是利用以上原理制造的。

8.2　直流电桥调理技术

8.2.1　直流电桥调理原理

电桥是将电阻、电感、电容等参量的变化转换为电压或电流输出的一种测量电路，由于桥式测量电路简单可靠，而且具有很高的精度和灵敏度，因此在测量装置中被广泛采用。电桥按其所采用的激励电源的类型可分为直流电桥与交流电桥。

图 8-2-1 是直流电桥的基本结构。以电阻 R_1、R_2、R_3、R_4 组成电桥的 4 个桥臂，在电桥的对角点 a、c 端接入直流电源 E，作为电桥的激励电源。另一对角点 b、d 两端输出电压 U。使用时，电桥 4 个桥臂中的一个或多个是阻值随被测量变化的电阻传感器元件，如电阻应变片、电阻式温度传感器等。

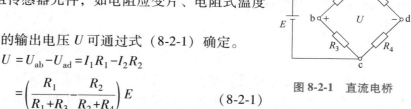

在图 8-2-1 中，电桥的输出电压 U 可通过式（8-2-1）确定。

$$U = U_{ab} - U_{ad} = I_1 R_1 - I_2 R_2$$

$$= \left(\frac{R_1}{R_1 + R_3} - \frac{R_2}{R_2 + R_4} \right) E \qquad (8\text{-}2\text{-}1)$$

$$= \frac{R_1 R_4 - R_2 R_3}{(R_1 + R_3)(R_2 + R_4)} E$$

图 8-2-1　直流电桥

由式（8-2-1）可知，若要使电桥输出为零，应满足

$$R_1 R_4 = R_2 R_3 \qquad (8\text{-}2\text{-}2)$$

式（8-2-2）即为直流电桥的平衡条件。由上述分析可知，若电桥的 4 个电阻中任何一个或数个阻值发生变化，将打破电桥的平衡条件，使电桥的输出电压 U 发生变化，进而实现电阻变化的测量。在测试中常用的电桥连接形式有单臂电桥连接、半桥连接与全桥连接，如图 8-2-2 所示。

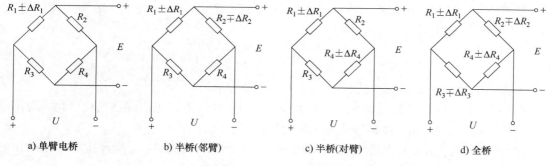

a) 单臂电桥　　　　b) 半桥(邻臂)　　　　c) 半桥(对臂)　　　　d) 全桥

图 8-2-2　直流电桥连接形式

图 8-2-2a 所示是单臂电桥连接形式，工作中只有一个桥臂电阻用于测量被测量，且随被测量的变化而变化，设该电阻为 R，产生的电阻变化量为 ΔR，则根据式（8-2-1）可得输出电压为

$$U = \left(\frac{R_1 + \Delta R}{R_1 + \Delta R + R_3} - \frac{R_2}{R_2 + R_4} \right) E \qquad (8\text{-}2\text{-}3)$$

为了简化桥路，设计时往往采取 4 个桥臂的初始电阻相等，即 $R_1 = R_2 = R_3 = R_4 = R$，可得

$$U = \frac{\Delta R}{4R + 2\Delta R} E \qquad (8\text{-}2\text{-}4)$$

一般 $\Delta R \ll R$，所以式（8-2-4）可以简化为

$$U \approx \frac{\Delta R}{4R} E \qquad (8\text{-}2\text{-}5)$$

可见，电桥的输出电压 U 与激励电压 E 成正比，并且在 E 一定的条件下，与工作桥臂的阻值变化量 $\Delta R/R$ 呈单调线性关系。

图 8-2-2b、c 所示为半桥连接形式。工作中有两个桥臂（一般为相邻桥臂，如图 8-2-2b）用于测量被测量，即 $R_1+\Delta R_1$、$R_2-\Delta R_2$。根据式（8-2-5）可知，当 $\Delta R_1=\Delta R_2=\Delta R$ 时，电桥输出为

$$U=\frac{\Delta R}{2R}E \tag{8-2-6}$$

图 8-2-2d 所示为全桥连接形式。工作中 4 个桥臂阻值都随被测量变化，即 $R_1+\Delta R_1$、$R_2-\Delta R_2$、$R_3+\Delta R_3$、$R_4-\Delta R_4$。根据式（8-2-5）可知，当 $\Delta R_1=\Delta R_2=\Delta R_3=\Delta R_4=\Delta R$ 时，电桥输出为

$$U=\frac{\Delta R}{R}E \tag{8-2-7}$$

从式（8-2-5）~式（8-2-7）可以看出，电桥的输出电压 U 与激励电压 E 成正比，只是比例系数不同。现定义电桥的灵敏度为

$$S_{\mathrm{m}}=\frac{U}{\Delta R/R} \tag{8-2-8}$$

根据式（8-2-8）可知，单臂电桥的灵敏度为 $E/4$；半桥的灵敏度为 $E/2$；全桥的灵敏度为 E。显然，电桥接法不同，灵敏度也不同，全桥连接可以获得最大的灵敏度。

对于图 8-2-2d 所示的全桥电路，当 $R_1=R_2=R_3=R_4=R$，且 $\Delta R_1 \ll R_1$、$\Delta R_2 \ll R_2$、$\Delta R_3 \ll R_3$、$\Delta R_4 \ll R_4$ 时，由式（8-2-1）可得

$$U_{\mathrm{o}}=\frac{1}{4}\left(\frac{\Delta R_1}{R}+\frac{\Delta R_4}{R}+\frac{\Delta R_3}{R}+\frac{\Delta R_2}{R}\right)E \tag{8-2-9}$$

由式（8-2-9）可以得到电桥的两个特性：

1）若相邻两桥臂（如图 8-2-2d 中的 R_1 和 R_2，或 R_1 和 R_3）电阻同向变化（即两电阻同时增大或同时减小），所产生的输出电压的变化将相互抵消。

2）若相邻两桥臂电阻反向变化（即两电阻一个增大一个减小），所产生的输出电压的变化将相互叠加。

上述性质即为电桥的和差特性，很好地掌握该特性对构成实际的电桥测量电路具有重要意义。其中最典型的例子就是电桥的温度补偿，由式（8-1-11）可知，当环境温度发生改变时，即使没有外力作用，应变片的电阻值也会发生改变，其变化折算成应变值为

$$\varepsilon_{\mathrm{T}}=\frac{\Delta R_{\mathrm{T}}}{R} \cdot \frac{1}{S_{\mathrm{m}}}=\frac{\alpha \Delta T}{S_{\mathrm{m}}} \tag{8-2-10}$$

这个应变值量级较大，会对应力检测造成影响。因此可以利用电桥的和差特性进行温度补偿。如图 8-2-2a 所示电桥，其中 R_1 为工作应变片，R_2 可作为补偿应变片，工作应变片贴在被测试件表面上，R_2 粘贴在一块与试件材料完全相同的补偿块上，不承受应变，自由地放在试件上或附近。当温度发生变化时，R_1 和 R_2 的电阻都发生变化，由于温度变化相同，且 R_1、R_2 为相同应变片，所以 R_1、R_2 的电阻变化相同，这时电桥输出不受影响，即是电桥的输出与温度变化无关，只与被测应变有关，从而起到温度补偿的作用。需要注意的是，此时起到测试作用的仍然只是 R_1 应变片，所以该电桥仍属于单臂电桥。而在图 8-2-2b 所示

电桥中，R_2 同时起到测量和补偿的作用，因此图 8-2-2b 可以直接实现温度补偿，而同作为半桥的图 8-2-2c 需要进一步将 R_2、R_3 作为补偿片接入，才能实现温度补偿。同样的，图 8-2-2d 也可以直接实现温度补偿。

8.2.2　直流电桥的应用

使用电桥电路时，首先需要调节零位平衡，即当工作臂电阻变化为零时，使电桥的输出为零。在需要进行较大范围的电阻调节时，例如工作臂为热敏电阻时，应采用串联调零形式；若进行微小的电阻调节（如工作臂为电阻应变片时），应采用并联调节形式。

如图 8-2-3 所示，悬臂梁作为敏感元件测力时，常在梁的上下表面各贴一个应变片，并将两个应变片接入电桥相邻的两个桥臂。当悬臂梁受载时，上应变片 R_1 产生正向 ΔR，下应变片 R_2 产生负向 ΔR，由电桥的和差特性可知，这时产生的电压输出相互叠加，电桥获得最大输出，这类测量方法也称为差动测量。

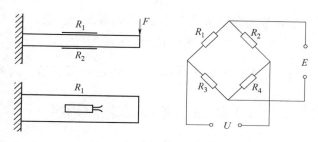

图 8-2-3　悬臂梁测力的电桥法

如图 8-2-4 所示，柱形梁作为敏感元件测力时，常沿着圆周间隔 90° 纵向贴 4 个应变片 R_1、R_2、R_3、R_4 作为工作片，与纵向应变片相间，再横向贴 4 个应变片 R_5、R_6、R_7、R_8 用作温度补偿。当柱形梁受载时，4 个纵向应变片 $R_1 \sim R_4$，产生同向 ΔR，这时应将 $R_1 \sim R_4$ 先两两串接，然后再接入电桥的两个相对桥臂，这样它们产生的电压输出将相互叠加；反之，若将 $R_1 \sim R_4$ 分别接入电桥的 4 个相邻桥臂，它们产生的电压输出会相互抵消，这时无论施加的力 F 有多么大，输出电压均为零，该电桥可实现温度补偿。

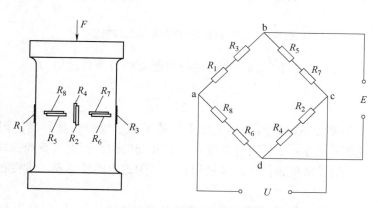

图 8-2-4　柱形梁测力的电桥法

8.3 电感式传感器

电感式传感器是利用电磁感应原理将位移、压力、振动等被测量转换为电感变化的传感器。电感式传感器的种类较多，本节主要介绍自感型电感式传感器、互感型电感式传感器以及电涡流传感器。

8.3.1 自感型电感式传感器

变磁阻式传感器是典型的自感型电感式传感器，其结构如图 8-3-1 所示，它由线圈、铁心、衔铁 3 部分组成。设线圈匝数为 N，线圈自感 L 的定义为

$$L = \frac{N^2}{R_m} \tag{8-3-1}$$

式中，R_m 为磁路磁阻，它由铁心磁阻 R_f 和气隙磁阻 R_δ 两部分组成，即

$$R_m = R_f + R_\delta \tag{8-3-2}$$

式中，$R_f = \sum_i \dfrac{l_i}{\mu_i S_i}$，其中 μ_i 为铁心各段磁导率，l_i 为铁心各段长度，S_i 为铁心各段截面积；

$R_\delta = \dfrac{2\delta}{\mu_0 S}$，其中 S 为气隙截面积；δ 为气隙长度；μ_0 为空气磁导率。

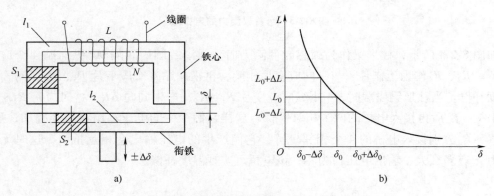

图 8-3-1　变磁阻式传感器及其工作特性

由于铁心磁导率远远大于空气磁导率，电感传感器的自感可近似为

$$L \approx \frac{N^2 \mu_0 S}{2\delta} \tag{8-3-3}$$

由式（8-3-3）可知，磁路磁阻大小主要受气隙面积或气隙长度影响，因此，此类变磁阻式电感传感器根据工作方式不同可分为变面积式和变气隙式两类。变面积式电感传感器的工作特性是线性的，但灵敏度较低，较少使用；变气隙式电感传感器灵敏度很高，是常用的电感式传感器。

设电感式传感器的初始气隙长度为 δ_0，初始电感量为 L_0，衔铁位移引起的气隙变化量为 $\Delta\delta$，相应的电感变化量为 ΔL，当衔铁上移时，气隙减小，电感增大；反之，电感减小。

上移时，有

$$L = L_0 + \Delta L = \frac{N^2 \mu_0 S}{2(\delta_0 - \Delta\delta)} = \frac{L_0}{1 - \Delta\delta/\delta_0} \tag{8-3-4}$$

当 $\Delta\delta/\delta_0 \ll 1$ 时，式（8-3-4）用泰勒级数展开可得到电感相对增量，即

$$\frac{\Delta L}{L_0} \approx \frac{\Delta\delta}{\delta_0}\left[1 + \frac{\Delta\delta}{\delta_0} + \left(\frac{\Delta\delta}{\delta_0}\right)^2 + \cdots\right] \tag{8-3-5}$$

忽略二阶以上的高次项后，可得到变气隙式电感传感器的灵敏度为

$$s_{\text{L}} = \frac{\Delta L/L_0}{\Delta\delta} = \frac{1}{\delta_0} \tag{8-3-6}$$

由式（8-3-6）可见，要增大灵敏度，则应减少 δ_0，但由于铁心对衔铁的吸力比较大，δ_0 减小要受到安装工艺的限制。同时，从图 8-3-1b 中可以看出，该传感器非线性严重，为保证一定的测量范围和线性度，对变气隙式电感传感器，通常取 $\delta_0 = 0.1 \sim 0.5\text{mm}$，$\Delta\delta = (1/10 \sim 1/5)\delta_0$，即一般用作小位移的测量。为了提高自感型电感式传感器的灵敏度，增大传感器的线性工作范围，实际中较多的是将两结构相同的自感线圈组合在一起形成所谓的差动式电感传感器。

如图 8-3-2 所示，当衔铁位于中间位置时，位移为零，两线圈上的自感相等。当衔铁向一个方向偏移时，若位移 δ_1 增大 $\Delta\delta$，则必定使 δ_2 减小 $\Delta\delta$。两线圈上的自感分别为

$$L_1 \approx L_0\left[1 + \frac{\Delta\delta}{\delta_0} + \left(\frac{\Delta\delta}{\delta_0}\right)^2 + \left(\frac{\Delta\delta}{\delta_0}\right)^3 + \cdots\right]$$

$$L_2 \approx L_0\left[1 - \frac{\Delta\delta}{\delta_0} + \left(\frac{\Delta\delta}{\delta_0}\right)^2 - \left(\frac{\Delta\delta}{\delta_0}\right)^3 + \cdots\right]$$

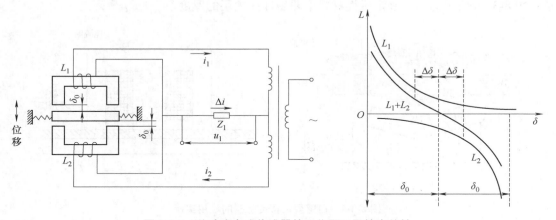

图 8-3-2　差动式电感传感器的工作原理及输出特性

这样构成的差动式电感传感器总电感的变化为

$$\Delta L = L_1 - L_2 \approx L_0\left[2\frac{\Delta\delta}{\delta_0} + 2\left(\frac{\Delta\delta}{\delta_0}\right)^3 + \cdots\right] \tag{8-3-7}$$

忽略三次以上的高次项后得传感器的灵敏度为

$$s_{\text{L}} = \frac{\Delta L/L_0}{\Delta\delta} = \frac{2}{\delta_0} \tag{8-3-8}$$

可见，采用差动形式的电感传感器灵敏度提高了一倍，同时由于忽略的是三次项，而非

式（8-3-5）中的二次项，所以其非线性误差也大大减小了。

图 8-3-3 所示为自感型压力传感器的结构原理。图 8-3-3a 所示是变隙式自感压力传感器，弹性敏感元件是膜盒，当压力变化时，膜盒带动衔铁移动，根据所测的自感变化量，可以计算出压力的大小，此类压力传感器适合测量较小压力。图 8-3-3b 所示是变隙差动式自感压力传感器，由 C 形弹簧管充当弹性敏感元件。流体进入弹簧管后，其自由端向外伸展，带动衔铁移动，引起电感变化，通过测量电感变化量，可计算出压力值。

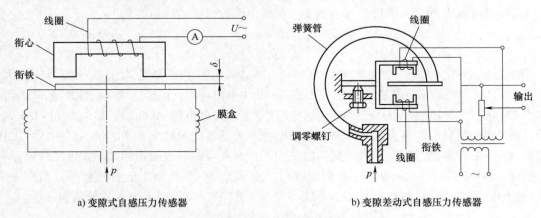

a) 变隙式自感压力传感器   b) 变隙差动式自感压力传感器

图 8-3-3 自感型压力传感器的结构原理

图 8-3-4 所示为自感型位移传感器的两种应用实例。传感器的测量范围一般为 $1\mu m \sim 1mm$，最高测量分辨率为 $0.01\mu m$。图 8-3-4a 所示为测量透平轴与其壳体间的轴向相对伸长；图 8-3-4b 所示为用于确定磁性材料上非磁性涂覆层的厚度。

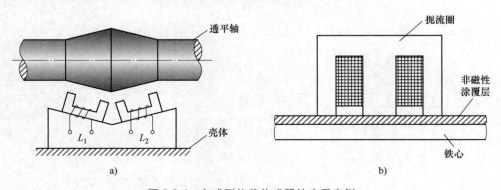

a)   b)

图 8-3-4 自感型位移传感器的应用实例

8.3.2 互感型电感式传感器

互感型传感器是将被测非电量转换为线圈互感变化的传感器，典型应用是差动变压器。螺线管式差动变压器是一种常用的互感型电感式传感器，主要用于测量位移。其等效电路如图 8-3-5 所示。图中，W_1 为变压器一次绕组，二次绕组 W_{21} 与 W_{22} 是两个完全对称的线圈，反极性串联；衔铁 T 插入螺线管并与测量头相连。一次绕组与二次绕组之间的互感分别为 M_1 和 M_2，初始状态衔铁 T 处于中间位置，磁路两边对称，则与二次绕组 W_{21} 与 W_{22} 对应的

互感 $M_1=M_2$，因此二次绕组产生的差动电动势 $u_o=0$；有位移时，衔铁偏离中间位置，$M_1 \neq M_2$，故输出电动势 $u_o \neq 0$，输出电动势的大小取决于衔铁移动的距离 x，而输出电动势的相位取决于位移的方向。差动变压器的灵敏度一般可达 $0.5 \sim 5 \text{V/mm}$。

轴向电感测微计是一种典型的互感型传感器。这是一种常用的接触式位移传感器，其核心是一个螺线管式差动变压器，常用于测量工件的外形尺寸和轮廓形状，如图 8-3-6 所示，其中测端 10 将被测试件 11 的形状变化通过测杆 8 转换为衔铁 3 的位移，线圈 4 接收该信号获得相关信息。

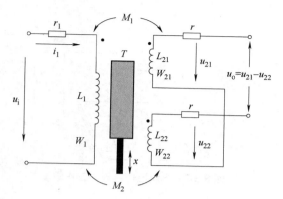

图 8-3-5 差动变压器等效电路

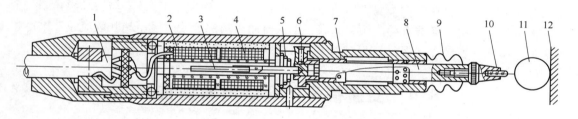

图 8-3-6 轴向电感测微计的结构示意图

1—引线电缆 2—固定磁筒 3—衔铁 4—线圈 5—测力弹簧 6—防转销 7—直线轴承
8—测杆 9—密封套 10—测端 11—被测试件 12—基准面

8.3.3 电涡流传感器

电涡流传感器是一种特殊的互感型电感式传感器，在位移、振动、转速、厚度等参数测量中应该广泛，其理论依据是电磁感应定律中的电涡流效应，当金属导体置于变化着的磁场或在磁场中做切割磁力线运动时，导体内就会产生涡旋状的感应电流。电涡流传感器可分为高频反射式和低频透射式。低频透射式主要用于材料厚度的测量，高频反射式应用更为广泛。

电涡流传感器的工作原理如图 8-3-7 所示，外观如图 8-3-8 所示。在一金属导体附近放置有一个半径为 r 的扁平线圈，当线圈中有频率为 f 的交变电流 j_1 通过时，在线圈的周围空间就会产生交变磁场 H_1，H_1 在金属表面感应产生涡电流 j_2，此涡电流 j_2 继而产生一个与 H_1 方向相反的交变磁场 H_2。由于 H_2 的反作用，线圈的磁场 H_1 被削弱，从而使线圈的阻抗 Z 发生变化。阻抗 Z 的变化与金属导体的电阻率 ρ、磁导率 μ、厚度 d、导体和线圈的尺寸因子 r、激励电流频率 ω 和激励电流 I，以及线圈与导体间的距离 x 等参数有关。

$$Z=f(\rho, \mu, d, r, \omega, I, x) \tag{8-3-9}$$

若传感器的结构确定，则式（8-3-9）中 ρ、μ、d、r、ω、I 就成为固定参数，那么阻抗 Z 就成为距离 x 的单值函数。因此，通过测量电路就可以进行距离 x 的测量。

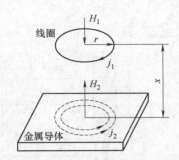

图 8-3-7 电涡流传感器的工作原理

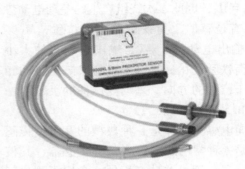

图 8-3-8 电涡流传感器

此外，如果控制 x、I、ω 不变，利用以上原理还可以用来检测与表面电导率 ρ 有关的表面温度、表面裂纹等参数，或者用来检测与材料磁导率 μ 有关的材料型号、表面硬度等参数。由于线圈阻抗 Z 变化情况完全取决于电涡流效应，但 j_2 在金属导体的纵深方向并不是均匀分布的，而是只集中在金属导体的表面，这称为趋肤效应。趋肤效应与激励源频率、金属板的电导率、磁导率等有关。频率越高，电涡流的渗透深度就越浅，趋肤效应越严重；频率越低，检测深度越深。因此，改变频率，可控制检测深度。

8.4　交流信号的调制与解调技术

8.4.1　交流电桥

交流电桥的电路结构与直流电桥完全相同（图 8-4-1），所不同的是交流电桥采用交流电源激励，电桥的 4 个臂可为电感、电容或电阻。图 8-4-1 中的 $Z_1 \sim Z_4$ 表示 4 个桥臂的交流阻抗。如果交流电桥的阻抗、电流及电压都用复数表示，则关于直流电桥的平衡关系式在交流电桥中也可适用，即电桥达到平衡时必须满足

$$Z_1 Z_4 = Z_2 Z_3 \qquad (8\text{-}4\text{-}1)$$

图 8-4-1　交流电桥

把各阻抗用复数的指数形式表示，分别为

$$Z_1 = Z_{01} e^{j\varphi_1}, Z_2 = Z_{02} e^{j\varphi_2}, Z_3 = Z_{03} e^{j\varphi_3}, Z_4 = Z_{04} e^{j\varphi_4}$$

代入式（8-4-1）得

$$Z_{01} Z_{04} e^{j(\varphi_1 + \varphi_4)} = Z_{02} Z_{03} e^{j(\varphi_2 + \varphi_3)}$$

若此式成立，必须同时满足

$$\begin{cases} Z_{01} Z_{04} = Z_{02} Z_{03} \\ \varphi_1 + \varphi_4 = \varphi_2 + \varphi_3 \end{cases} \qquad (8\text{-}4\text{-}2)$$

式中，Z_{01}、Z_{02}、Z_{03}、Z_{04} 为各阻抗的模；φ_1、φ_2、φ_3、φ_4 为各阻抗的辐角（也称阻抗角），即各桥臂电流与电压之间的相位差。

纯电阻时电流与电压同相位，$\varphi = 0$；电感性阻抗，$\varphi > 0$；电容性阻抗，$\varphi < 0$。式（8-4-2）表明，交流电桥平衡必须满足两个条件，即相对两臂阻抗之模的乘积应相等，并且它们的阻

抗角之和也必须相等。

为满足上述平衡条件，交流电桥各臂可以有不同的组合。常用的电容、电感电桥，其相邻两臂可接入电阻（例如 $Z_{02}=R_0$，$Z_{04}=R_0$，$\varphi_2=\varphi_4=0$），而另外两个桥臂接入相同性质的阻抗，如都是电容或者都是电感，以满足 $\varphi_1=\varphi_3$。

在一般情况下，交流电桥的电源必须具有良好的电压波形与频率稳定度。如电源电压波形畸变（即包含了高次谐波），对基波而言，电桥达到平衡，而对高次谐波，电桥不一定能平衡，因而将有高次谐波的电压输出。一般采用 5~10kHz 音频交流电源作为交流电桥电源。电桥输出为调制波，外界工频干扰不易从线路中引入，并且后接交流放大电路简单而无零漂。

采用交流电桥时，必须注意到影响测量误差的一些因素，例如，电桥中元件之间的互感影响、邻近交流电路对电桥的感应作用、泄漏电阻以及元件之间、元件与地之间的分布电容等。

8.4.2 信号的调制与解调

由于传感器输出的电信号一般为较低的频率分量（在直流至几十千赫之间），当被测量信号比较弱时，为了实现信号的传输尤其是远距离传输，可以放大或调制与解调。由于信号传输过程中容易受到工频及其他信号的干扰，若放大则在传输过程中必须采取一定的措施抑制干扰信号的影响。而在实际中，往往采用更有效的先调制而后交流放大的方法，将信号从低频区推移到高频区，这样可以提高电路的抗干扰能力和信号的信噪比。

调制就是使一个信号的某些参数在另一个信号的控制下发生变化的过程。前一信号称为载波信号（通常为高频信号，频率远高于被测信号），后一信号（被测信号）称为调制信号。调制本质上是用调制信号（被测信号）控制载波信号（高频信号）的过程。与调制相对应的是解调，指的是从已调制信号中恢复被测信号的过程。

若调制信号为 $x(t)$，载波信号为

$$z(t)=A\cos(2\pi ft+\varphi) \tag{8-4-3}$$

对应于信号的三要素——幅值、频率和相位，根据载波的幅值、频率和相位随调制信号而变化的过程，调制可以分为调幅（AM）、调频（FM）和调相（PM）。其波形分别称为调幅波［式（8-4-4）］、调频波［式（8-4-5）］和调相波［式（8-4-6）］。

$$y(t)=[Ax(t)]\cos(2\pi ft+\varphi) \tag{8-4-4}$$

$$y(t)=A\cos\{2\pi[f_0+x(t)]t+\varphi\} \tag{8-4-5}$$

$$y(t)=A\cos\{2\pi ft+[\varphi_0+x(t)]\} \tag{8-4-6}$$

图 8-4-2 所示为载波信号、调制信号及调幅波、调频波、调相波。

```
%调幅波、调频波、调相波 MATLAB 代码示例
t=0:0.002:10;
z=cos(2*pi*4*t+pi/6);           %载波信号
x=cos(2*pi*0.4*t);              %调制信号
y1=x.*cos(2*pi*4*t);           %调幅波
y2=cos(2*pi*(4+x).*t+pi/6);     %调频波
y3=cos(2*pi*4.*t+pi/6+x);       %调相波
```

```
figure
subplot(511);plot(t,z,'k')
subplot(512);plot(t,x,'k')
subplot(513);plot(t,y1,'k')
subplot(514);plot(t,y2,'k')
subplot(515);plot(t,y3,'k')
```

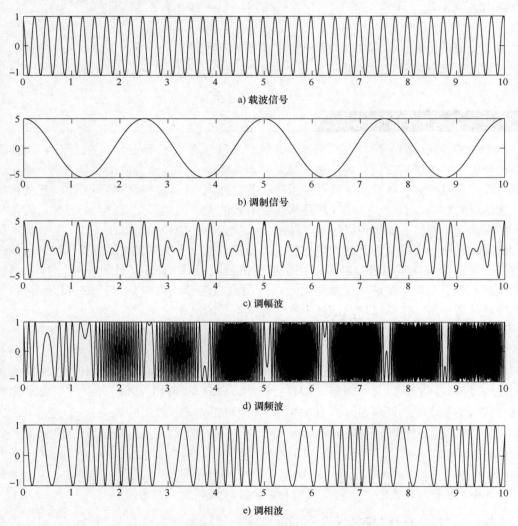

a) 载波信号

b) 调制信号

c) 调幅波

d) 调频波

e) 调相波

图 8-4-2　载波、调制信号及调幅波、调频波、调相波

调频、调幅和调相是 3 种最基本的调制方法，它们各有优缺点并适用于各自的应用场景。一般来说，调频和调相由于具有较好的抗噪性，通常应用于高质量的通信系统，但由于调制和解调电路较复杂，成本较高，尤其是调相，通常用于无线通信、雷达等，同时调频也常用于无线电广播等。而调幅由于其带宽窄和发射功率小、调制和解调简单的优点，适合大

范围覆盖的广播系统，如中短波广播、电视广播等。下面仅以调幅为例说明信号的调制与解调过程。

1. 幅值调制的工作原理

调幅的基本原理就是将一个高频简谐信号（载波信号）与测试信号（调制信号）相乘，使载波信号的幅值随测试信号的变化而变化。为使结果有普遍意义，假设调制信号为 $x(t)$，其最高频率成分为 f_m，载波信号为 $\cos 2\pi f_0 t$，$f_0 \gg f_m$，则有调幅波

$$x(t)\cos 2\pi f_0 t = \frac{1}{2}\left[x(t)\,\mathrm{e}^{-2\pi \mathrm{j} f_0 t} + x(t)\,\mathrm{e}^{2\pi \mathrm{j} f_0 t}\right] \tag{8-4-7}$$

如果傅里叶变化 $x(t) \Leftrightarrow X(f)$，则利用傅里叶变化的频移性质，有

$$x(t)\cos 2\pi f_0 t \Leftrightarrow \frac{1}{2}\left[X(f-f_0) + X(f+f_0)\right]$$

调幅使被测信号 $x(t)$ 的频谱由原点平移至载波频率 f_0 处，而幅值降低了一半，如图 8-4-3 所示。但 $x(t)$ 中所包含的全部信息都完整地保存在调幅波中。调幅以后，原信号 $x(t)$ 中所包含的全部信息均转移到以 f_0 为中心，宽度为 $2f_m$ 的频带范围之内，将信号从低频区推移到高频区。因为信号中不包含直流分量，可以用中心频率为 f_0，通频带宽是 $\pm f_m$ 的窄带交流放大器放大，然后再通过解调从放大的调制波中取出有用的信号，所以调幅过程就相当于频谱"搬移"过程。

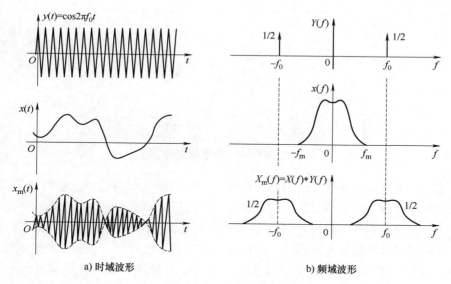

a) 时域波形　　　　b) 频域波形

图 8-4-3　调幅过程

由此可见，调幅的目的是便于缓变信号的放大和传送，而解调的目的是恢复被调制的信号。如在电话电缆、有线电视电缆中，由于不同的信号被调制到不同的频段，因此在一根导线中可以传输多路信号，实现频分复用。为了减小放大电路可能引起的失真，信号的频宽（$2f_m$）相对于中心频率（载波频率 f_0）应越小越好，实际载波频率常至少数倍甚至数十倍于调制信号频率。

2. 幅值调制信号的同步解调

若把调幅波再次与原载波信号相乘，则频域图形将再一次进行"搬移"，其结果如图 8-4-4 所示。当用一低通滤波器滤去频率大于 f_m 的成分时，则可以复现原信号的频谱。与原频谱的区别在于幅值为原来的一半，这可以通过放大来补偿。这一过程称为同步解调，同步是指解调时所乘的信号与调制时的载波信号具有相同的频率和相位。用公式表示为

$$x(t)\cos 2\pi f_0 t \cos 2\pi f_0 t = \frac{1}{2}x(t) + \frac{1}{2}x(t)\cos 4\pi f_0$$

$$= \frac{1}{2}x(t) + \frac{1}{4}\left[x(t)\mathrm{e}^{-4\pi \mathrm{j}f_0 t} + x(t)\mathrm{e}^{4\pi \mathrm{j}f_0 t}\right] \tag{8-4-8}$$

低通滤波器是将频率高于 f_0 的高频信号滤去，即式中的第二项滤去。

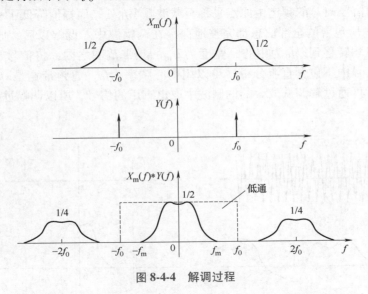

图 8-4-4　解调过程

最常见的解调方法是整流检波和相敏检波。首先需要在调制信号上叠加一个直流分量，即对调制信号进行偏置，使偏置后的信号都具有正电压，那么调幅波的包络线将具有原调制信号的形状，如图 8-4-5a 所示。把该调幅波进行简单的半波或全波整流、滤波，并减去所加的偏置电压就可以恢复原调制信号，这种方法又称为包络分析。若所加的偏置电压未能使信号电压都为正，则从图 8-4-5b 可以看出，只有简单的整流不能恢复原调制信号，这时需要采用相敏检波方法。当交变信号在其过零线时正负号发生突变时，其调幅波的相位与载波比较会发生 180°的相位跳变，利用载波信号与之比较，便既能反映出原信号的幅值，又能反映其极性。

常见的二极管相敏检波器结构及其输入输出关系如图 8-4-6 所示。它由 4 个特性相同的二极管 $\mathrm{VD}_1 \sim \mathrm{VD}_4$，沿同一方向串联成一个桥式回路，桥臂上有附加电阻，用于平衡桥路。4 个端点分别接在变压器 A 和 B 的二次绕组上，变压器 A 的输入为调幅波 $x_m(t)$，B 的输入信号为载波 $y(t)$，u_r 为输出。

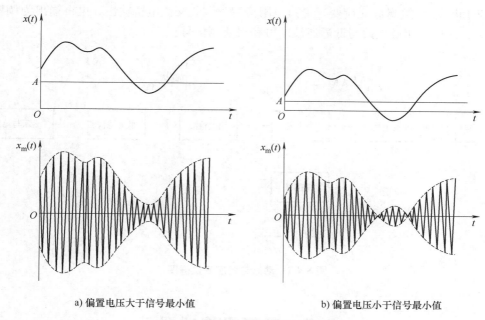

a) 偏置电压大于信号最小值　　　　　　　　　b) 偏置电压小于信号最小值

图 8-4-5　调制信号加偏置的调幅波

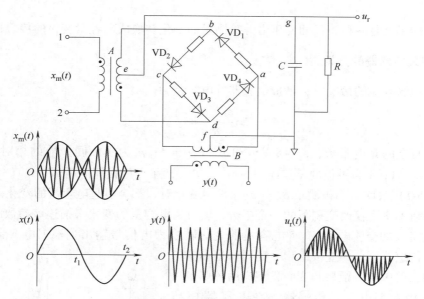

图 8-4-6　二极管相敏检波电路原理图

调幅波经相敏检波后，得到一个随原调制信号的幅值与相位变化而变化的高频波，相敏检波器输出波形的包络线即是所需要的信号，因此必须把它和载波分离。由于被测信号的最高频率 $f_m \ll f_0$（载波频率），在相敏检波器的输出端再接一个低通滤波器，并使其截止频率 f_c 介于 f_m 和 f_0 之间，这样，相敏检波器的输出信号在通过滤波器后，载波成分就会急剧衰减，需要的低频成分便保留下来。

图 8-4-7 所示为动态电阻应变仪的框图。电桥由振荡器供给等幅高频振荡电压（一般为

10kHz 或 15kHz），被测量（应变）通过电阻应变片调制交流电桥输出，电桥输出为调幅波，经过放大，最后经相敏检波与低通滤波即可获得所测信号。

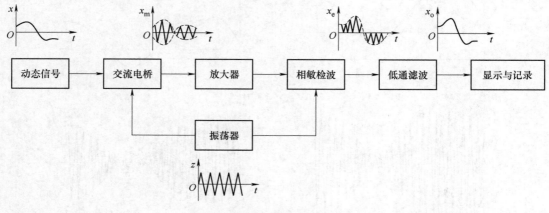

图 8-4-7　动态电阻应变仪框图

8.5　电容式传感器

电容式传感器是一种将尺寸、压力等被测量的变化转换成电容量变化的传感器。

1. 电容式传感器的分类

在忽略边缘效应的情况下，平板电容器的电容量为

$$C=\frac{\varepsilon_0\varepsilon_r A}{\delta}=\frac{\varepsilon A}{\delta} \tag{8-5-1}$$

式中，ε_0 为真空的介电常数，$\varepsilon_0 = 8.854\times10^{-12}\,\text{F}\cdot\text{m}^{-1}$；$\varepsilon_r$ 为极板间介质的相对介电系数，在空气中，$\varepsilon_r \approx 1$；A 为极板的覆盖面积（m^2）；δ 为两平行极板间的距离（m）。

式（8-5-1）表明，当被测量 δ、A 或 ε 发生变化时，都会引起电容量的变化。如果保持任意两个参数不变，仅改变剩下的一个参数，就可用电容量的变化来描述该参数的变化，再通过转换电路（如交流电桥），将电容量的变化转换为电信号输出。根据电容器变化的参数，电容式传感器可分为变极距型、变面积型和变介质型 3 种，其中变极距型和变面积型应用较广。

（1）变极距型电容式传感器　在电容器中，如果两极板间的相对面积及极间介质不变，则电容量与极距 δ 呈非线性关系，如图 8-5-1 所示。当两极板在被测参数作用下发生位移，引起电容量的变化为

$$dC=-\frac{\varepsilon_0\varepsilon A}{\delta^2}d\delta \tag{8-5-2}$$

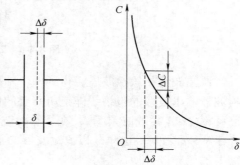

图 8-5-1　变极距型电容式传感器

即传感器的灵敏度为

$$S = \frac{\mathrm{d}C}{\mathrm{d}\delta} = -\frac{\varepsilon_0 \varepsilon A}{\delta^2} = -\frac{C}{\delta} \tag{8-5-3}$$

从式（8-5-3）可看出，灵敏度 S 与极距 δ 的二次方成反比，极距越小，灵敏度越高。一般通过减小初始极距提高灵敏度。由于电容量 C 与极距 δ 呈非线性关系，所以会引起非线性误差。为了减小这一误差，通常规定测量范围 $\Delta\delta \ll \delta_0$，此时，传感器的灵敏度近似为常数。实际应用中，为了提高传感器的灵敏度、增大线性工作范围和克服外界条件（如电源电压、环境温度等）变化对测量精度的影响，常常采用差动型电容式传感器，图 8-5-2b 所示为图 8-5-2a 所示电容器的差动形式。

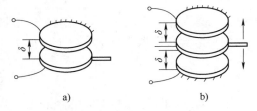

图 8-5-2　单边变极距型电容器及其差动形式

（2）变面积型电容式传感器　变面积型电容式传感器的工作原理是在被测参数的作用下变化极板的相对面积，常用的有角位移型和线位移型两种。

图 8-5-3 是变面积型电容式传感器的结构示意图，图 8-5-3a~c 所示为单边式，图 8-5-3d 所示为差动式（图 8-5-3a、b 所示结构亦可做成差动式）。

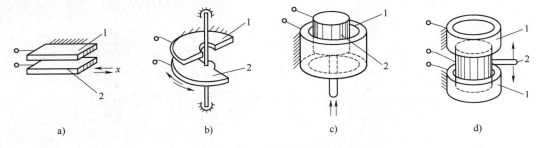

图 8-5-3　变面积型电容式传感器
1—固定极板　2—可动极板

图 8-5-3a 所示平面线位移型电容式传感器，宽度为 b 的可动极板沿箭头 x 方向移动时，相对面积变化，电容量也随之变化，电容量为

$$C = \frac{\varepsilon_0 \varepsilon b x}{\delta} \tag{8-5-4}$$

其灵敏度为

$$S = \frac{\mathrm{d}C}{\mathrm{d}\delta} = -\frac{\varepsilon_0 \varepsilon b}{\delta} = 常数 \tag{8-5-5}$$

故输出与输入为线性关系。

图 8-5-3b 所示为角位移型电容式传感器。当可动极板有一转角时，与固定极板之间相互覆盖的面积发生变化，从而导致电容量变化。当相对面积对应的中心角为 α，极板半径为 r 时，相对面积为

$$A = \frac{\alpha r^2}{2} \tag{8-5-6}$$

电容量为

$$C = \frac{\varepsilon_0 \varepsilon \alpha r^2}{2\delta} \qquad (8\text{-}5\text{-}7)$$

其灵敏度为

$$S = \frac{dC}{d\alpha} = \frac{\varepsilon_0 \varepsilon r^2}{2\delta} = 常数 \qquad (8\text{-}5\text{-}8)$$

考虑到平板型传感器的可动极板沿极距方向移动会影响测量精度，因此一般情况下，变面积型电容传感器常做成圆柱形，如图 8-5-3c 所示。圆筒形电容器的电容量为

$$C = \frac{2\pi\varepsilon_0 \varepsilon x}{\ln(r_2/r_1)} \qquad (8\text{-}5\text{-}9)$$

式中，x 为外圆筒与内圆筒相对部分长度（m）；r_1、r_2 分别为外筒内径与内筒外径（m）。

当覆盖长度 x 变化时，电容量变化，其灵敏度为

$$S = \frac{dC}{dx} = \frac{2\pi\varepsilon_0 \varepsilon}{\ln(r_2/r_1)} = 常数 \qquad (8\text{-}5\text{-}10)$$

变面积型电容式传感器的优点是输出与输入呈线性关系，但与变极距型相比，灵敏度较低，适用于较大角位移及直线位移的测量。

（3）变介质型电容式传感器　变介质型电容式传感器的结构原理如图 8-5-4 所示。这种传感器大多用于测量电介质的厚度、位移、液位等。

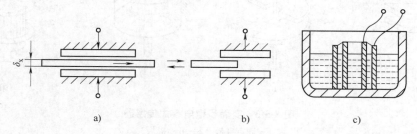

图 8-5-4　变介质型电容式传感器

2. 电容式传感器的优点

（1）温度稳定性好　电容式传感器的电容值一般与电极材料无关，仅取决于电极的几何尺寸。此外，空气等介质损耗很小，发热量小。相比之下，电阻式传感器工作时会产生大量热量，不仅损失能量，而且会减少元器件使用寿命。

（2）结构简单，适应性强　电容式传感器易于制造，能在高低温、强辐射及强磁场等各种恶劣的环境条件下工作。尤其在高压力、高冲击、过载等情况下，电容式传感器仍能正常工作。此外，为实现某些特殊要求的测量还可以把传感器的体积做得很小。

（3）动态响应好　由于极板间的静电引力很小，需要的作用能量极小，电容式传感器的可动部分可以做得很小很薄，因此其固有频率很高，动态响应时间短。这使得电容式传感器特别适合动态测量。由于其介质损耗小，可以用较高频率供电，因此系统工作频率高，可用于测量高速变化的参数，如测量振动、瞬时压力等。

电容式传感器除了上述优点之外，其所需输入能量极小，特别适宜低能量输入的测量，如测量极低的压力、力和很小的加速度、位移等。电容式传感器在许多领域都具有广泛的应用。

3. 电容式传感器的应用

（1）电容式差压传感器　电容式差压传感器是一种典型的变极距型电容传感器。图 8-5-5 是电容式差压传感器结构示意图。

电容式差压传感器由两个玻璃圆盘和一个金属（不锈钢）膜片组成。在两个玻璃圆盘上的凹面上镀金属作为电容式传感器的两个固定极板，而夹在两个凹圆盘中的膜片则成为传感器的可动电极，两个固定极板和一个可动极板构成传感器的两个差动电容 C_1、C_2。当两边压力 p_1、p_2 相等时，膜片处在中间位置，与左、右固定电极与动极板之间间距相等，因此两个电容相等；当 $p_1 \neq p_2$ 时，膜片弯向一侧，那么两个差动电容一个增大、一个减小，且变化量

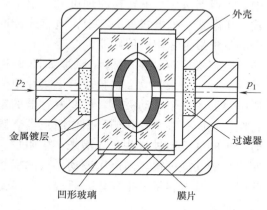

图 8-5-5　电容式差压传感器结构示意图

大小相同；当压差反向时，差动电容变化量也反向。这种传感器结构简单，灵敏度高，能测微小压差（0~0.75Pa），响应速度快（约 100ms）。

（2）电容式微加速度传感器　利用微电子技术加工的加速度计一般也利用电容变化原理进行测量，它可以是变间距型，也可以是变面积型。

图 8-5-6 所示的是一种变间距型硅微加速度计，其中加速度测试单元和信号处理电路加工在同一芯片上，集成度很高。加速度测试单元是由在硅衬底上制造出的下电极（底层多晶硅）、振动片（中间层多晶硅）、上电极（顶层多晶硅）构成。上、下电极固定不动，而振动片是左端固定在衬底上的悬臂梁，可以上下微动。当它感受到上下振动时，与上、下极板构成的电容器 C_1、C_2 差动变化。测得振动片位移后的电容量变化就可以算出振动加速度的大小。与加速度测试单元封装在同一壳体中的信号处理电路将电容变化量转换成直流电压

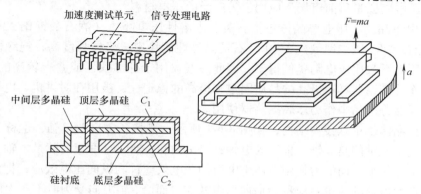

图 8-5-6　变间距型硅微加速度计

输出。由于硅的弹性滞后很小，且悬臂梁的质量很小，所以频率响应可达 1kHz 以上，允许加速度范围可达 10g 以上。如果在壳体内的 3 个相互垂直方向安装 3 个加速度传感器，就可以测量三维方向的振动或加速度。

（3）电容式传声器　传声器是将声音信号转换为电信号的能量转换器件，广泛应用于声音的测量中。传声器按照声电转换原理可分为电动式、电容式、压电式、磁电式等。其中，电容式传声器是声音测量中最为常用的传声器。

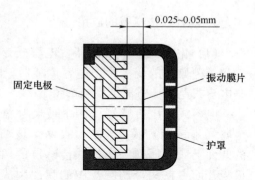

图 8-5-7　电容式传声器的结构和原理

电容式传声器的结构和原理如图 8-5-7 所示，其内部有一个张紧的金属膜片，该膜片组成空气介质电容器的一个可动极板。可变电容器的定极板是背极，上面有多个孔和槽，用作阻尼器。膜片运动时产生的气流通过这些孔或槽来产生阻尼，从而抑制膜片的共振振幅。当声压波动导致的极板间距变化时，导致电容量发生变化，通过对电容变化量进行测量，便可实现声音测量的目的。

8.6　压电式传感器

电感式传感器是利用某些物质的压电效应将压力、振动等被测量转换为电量的传感器，电感式传感器是一种典型的压电式传感器。

8.6.1　压电效应与压电材料

某些电介质材料在某方向受到压力或拉力作用产生形变时，特定表面会产生电荷，并且当作用力方向改变时，电荷极性随之改变，这种现象称为压电效应。压电效应具有可逆性，如果在电介质极化方向施加电场，则这些电介质也会产生几何变形。前一种从机械能到电能的转换，称为正压电效应，后一种从电能到机械能的转换，称为逆压电效应。

压电材料分为压电单晶体，压电陶瓷、高分子压电材料及聚合物-压电陶瓷复合材料 4 类。其中，压电陶瓷是目前市场上应用最为广泛的压电材料。

（1）压电单晶体　压电单晶体包括石英、水溶性压电晶体（酒石酸钾钠、酒石酸乙烯二铵、酒石酸二钾、硫酸钾等）。其中，石英晶体性能稳定，机械强度高，绝缘性能好，但价格昂贵，压电系数比压电陶瓷低得多，因此一般仅用于标准仪器或要求较高的传感器中。石英晶体制作的谐振器具有极高的品质因数和极高的稳定性，被用在对讲机、电子手表、电视机、电子仪器等产品中作为压腔振荡器使用。

天然石英晶体是正六棱柱结构，如图 8-6-1 所示，其棱长方向为 z 轴，也称为光轴；经过棱线并垂直于光轴的是 x 轴，也称为电轴；与 x 轴和 z 轴同时垂直的就是 y 轴，也称为机械轴。通常把沿 x 轴方向的力作用下产生电荷的压电效应称为纵向压电效应；把沿 y 轴方向的力作用下产生电荷的压电效应称为横向压电效应，而沿 z 轴方向受力时不产生压电效应。

（2）压电陶瓷　压电陶瓷是通过高温烧结的多晶体，具有制作工艺方便、耐湿、耐高温等优点，因而在检测技术、电子技术和超声等领域应用得最普遍。代表性的压电陶瓷有钛酸钡、锆钛酸铅等。

（3）高分子压电材料 与压电陶瓷和压电晶体相比，压电聚合物具有高的强度和耐冲击性、显著的低介电常数、低密度、较好的柔韧性、对电压的高度敏感性、低声阻抗和机械阻抗、较高的介电击穿电压，可以制作极薄的组件。缺点是其性能与温度有关，灵敏度低。典型代表为聚偏氟乙烯（PVDF），该材料压电性

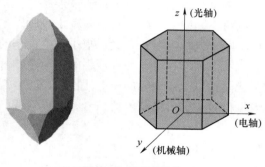

图 8-6-1 石英晶体

强、柔性好，特别是其声阻抗与空气、水和生物组织很接近，特别适用于液体、生物体及气体相关参数的测量。

（4）聚合物-压电陶瓷复合材料 压电复合材料是由两相或多相材料复合而成的，通常为压电陶瓷和聚合物（聚偏氟乙烯或环氧树脂）组成的复合材料。这类复合材料中的陶瓷相将电能和机械能相互转换，而聚合物基体则使应力在陶瓷与周围介质之间进行传递。这种材料兼有压电陶瓷和聚合物材料的优点，与传统的压电单晶体或压电陶瓷相比，密度小且更易于加工成型，与高分子压电材料相比灵敏度更高。

8.6.2 压电元件及其等效电路

将石英晶片以 x 轴为法线的两个面安装好电极和引线就构成了压电元件，如图 8-6-2a 所示。压电元件相当于一个力控电荷源，产生的电荷量与受力成正比。由于两个极板上的电荷极性相异，极板间的电容量可以用平板电容公式计算，即

$$C_a = \frac{\varepsilon_0 \varepsilon_r A}{\delta}$$

（8-6-1）

式中，A 为极板面积；δ 为极板之间距离；ε_0、ε_r 分别为真空介电常数和压电材料的相对介电常数。

由此，压电元件可以等效为图 8-6-2b 所示的电荷源与电容并联的电路。由于两个极板上电荷极性相异，极板之间的电压为 $U_a = Q/C_a$，所以，也可以等效为图 8-6-2c 所示的电压源与电容串联的电路。

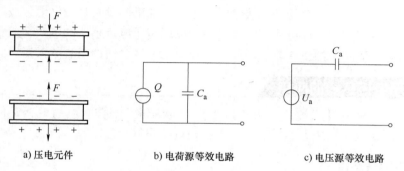

a) 压电元件　　　　b) 电荷源等效电路　　　　c) 电压源等效电路

图 8-6-2 压电元件及其等效电路

测量过程中，正负极板通过连接导线放电，就会出现虽然外力 F 不变，但随着两个极板电荷不断中和，读数会不断减小，所以，压电传感器只适用于测量动态参数，交变的力可以不断补充极板上的电量，减小放电带来的误差。

考虑到单片压电元件产生的电荷量非常小，输出电量很弱，因此在实际使用中常采用两片或两片以上同型号的压电元件组合在一起。如图 8-6-2 所示，压电式传感器的输出可以是电压信号，也可以是电荷信号，所以对应的压电元件的接法也有两种，如图 8-6-3 所示。

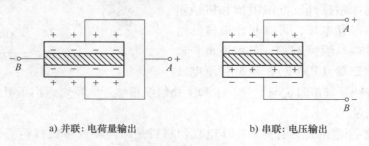

a) 并联：电荷量输出　　　　　　　　b) 串联：电压输出

图 8-6-3　压电元件的连接方式

图 8-6-3a 是将两片压电晶片的负端粘接在一起，中间引出负极输出端，另外两个正极板引线连接在一起后引出正极输出端，相当于两个电容器并联，电容量增大一倍。此时，输出电荷量增大一倍，即传感器的电荷灵敏度增大一倍。但是由于电容也增大一倍，根据时间常数 $\tau = RC$ 可知，其时间常数也会增大。因此，并联接法适用于测量缓变的信号，以及以电荷量输出的场合。图 8-6-3b 是将两片压电晶片不同极性端粘接在一起，此时相当于两个电容串联，在总的输出端 A、B 之间输出的电荷量不变，但输出电压比单片增大一倍，总的电容量为单片的一半。同理，其时间常数相应减小。因此，串联接法适用于测量快速变化的信号，以及以电压输出的场合。

压电元件无论等效为电荷源还是电压源，Q 或 U 的测量都十分困难，一方面，压电元件的压电系数很小，这就造成产生的电荷本身就很小，另一方面，由于压电元件材料都是绝缘材料，其电阻值一般在 $10^{10} \Omega$ 以上，这样大的输出电阻很难适配到合适的测量设备。因此，压电传感器的调理电路通常采用前置放大器，前置放大器有两个作用：第一是把压电传感器输出的微弱信号加以放大；第二是把传感器输出的高阻抗变换为低阻抗。

由于压电传感器有电压、电荷两种输出形式，相应的前置放大器也有电压放大器和电荷放大器。电压放大器与电荷放大器相比，电路简单、元器件少、价格便宜、工作可靠、高频响应较好，但是电压放大器会受到连接电缆的影响，如果测量时延长电缆，或电缆安装不规范等，都会使得误差增大。而电荷放大器的输出电压与压电传感器的电荷量成正比，与电缆电容无关，可以有效减小测量误差。因此，工程上更多地会使用电容放大器。

8.6.3　压电传感器的应用

压电效应是一种力-电荷变换，可直接用作力的测量。配合对应的敏感元件，压电式传感器也常用来测量应力、压力、振动、声等物理量的测量。

1. 压电式力传感器

对于压电式力传感器来说，施加在压电元件上的机械力与电荷的变化成正比，压力越大，电荷就越大。这就决定了传感器输出信号不取决于传感器的大小，因此，压电式力传感器可以做得很小。图 8-6-4 所示为一种压电式力传感器。

该传感器包含两个并联的压电元件，中间作为负极输出端引出并连接到电荷放大器上。当外力作用在壳体上时，压电元件便会产生与压力大小成正比的输出，进而可获得外力的大小。

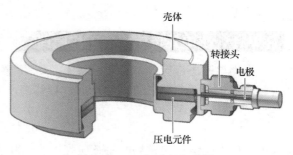

图 8-6-4　压电式力传感器

2. 加速度传感器

目前广泛采用压电式传感器来测量加速度，从结构上看，压电式传感器可分为 3 种类型，即压缩型、剪切型以及挠曲型，如图 8-6-5 所示。这几种类型各有特点，压缩型具有高机械强度，适用于冲击测试等各种测量要求；剪切型不易受到由于温度变化产生的热电气的影响；挠曲型具有低频高敏度的特点。

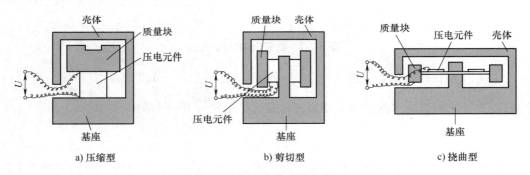

a) 压缩型　　　　　　　　　b) 剪切型　　　　　　　　　c) 挠曲型

图 8-6-5　加速度传感器的类型

以图 8-6-5a 为例，压缩型加速度传感器压电元件处于其壳体质量块之间，用强弹簧（或预紧螺栓）将质量块、压电元件紧压在壳体上。运动时，传感器壳体推动压电元件和质量块一起运动。在加速时，压电元件承受由质量块加速而产生的惯性力。加速度传感器的加速度 a 和压电元件受到的惯性力 $F = ma$ 呈正比例关系，与频率不相关。通过压电元件转换，基座受到的加速度最终会以电荷或电压形式输出，且均与加速度呈正比例关系，因此通过测量电荷和电压即可得出加速度。一般电荷输出称为电荷灵敏度，电压输出称为电压灵敏度。

压电式传感器的工作频率范围广，理论上其低端从直流开始，高端截止频率取决于结构的连接刚度，一般为数十赫兹到兆赫兹的量级，这使它广泛用于各领域的测量。压电式传感器内阻很高，产生的电荷量很小，易受传输电缆电容的影响，必须采用阻抗变换器或电荷放大器。

8.7　磁电式传感器

磁电式传感器又称磁电感应式传感器，是利用电磁感应原理将振动、位移、转速等被测量转换成电信号的一种传感器。

8.7.1　磁电式传感器的工作原理

根据电磁感应定律，磁通量变化会产生感应电动势。如图 8-7-1a 所示，当导体在稳恒均匀磁场中沿垂直磁场方向运动时，导体内产生的感应电动势为

$$E = \left| \frac{\mathrm{d}\Phi}{\mathrm{d}t} \right| = BL\frac{\mathrm{d}x}{\mathrm{d}t} = BLv \tag{8-7-1}$$

式中，B 为稳恒均匀磁场的磁感应强度；L 为导体有效长度；v 为导体相对磁场的运动速度。

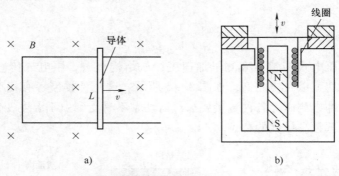

图 8-7-1　感应电动势的产生

当一个 N 匝线圈相对静止地处于随时间变化的磁场中时，如图 8-7-1b 所示，设穿过线圈的磁通为 Φ，则线圈内的感应电动势 e 与磁通变化率 $\dfrac{\mathrm{d}\Phi}{\mathrm{d}t}$ 的关系为

$$e = -N\frac{\mathrm{d}\Phi}{\mathrm{d}t} \tag{8-7-2}$$

根据以上原理，人们设计出两种磁电式传感器，即变磁通式磁电传感器和恒磁通式磁电传感器。

变磁通式磁电传感器又称为磁阻式磁电传感器，也称为变磁阻式磁电传感器，主要用于测量旋转物体的角速度。图 8-7-2 所示为变磁通式磁电传感器结构。

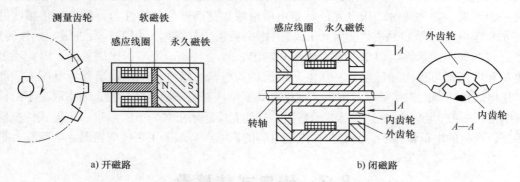

a) 开磁路　　　　　　　　　　　b) 闭磁路

图 8-7-2　变磁通式磁电传感器

图 8-7-2a 所示为开磁路变磁通式磁电传感器：线圈、磁铁静止不动，测量齿轮安装在被测旋转体上，随被测物体一起转动。每转动一个齿，齿的凹凸引起磁路磁阻变化一次，磁

通也就变化一次，线圈中产生感应电动势，其变化频率等于被测转速与测量齿轮上齿数的乘积。这种传感器结构简单，但输出信号较小，且因高速轴上加装齿轮较危险而不宜测量高转速的物体。

图 8-7-2b 所示为闭磁路变磁通式磁电传感器，它由装在转轴上的内齿轮和外齿轮、永久磁铁和感应线圈组成，内外齿轮齿数相同。当转轴连接到被测转轴上时，外齿轮不动，内齿轮随被测轴转动，内、外齿轮的相对转动使气隙磁阻产生周期性变化，从而引起磁路中磁通的变化，使线圈内产生周期性变化的感应电动势。

恒磁通式磁路系统产生恒定的直流磁场，磁路中的工作气隙固定不变，因而气隙中磁通也是恒定不变的，其运动部件可以是线圈（动圈式，图 8-7-3a）或磁铁（动铁式，图 8-7-3b），动圈式和动铁式的工作原理是完全相同的。

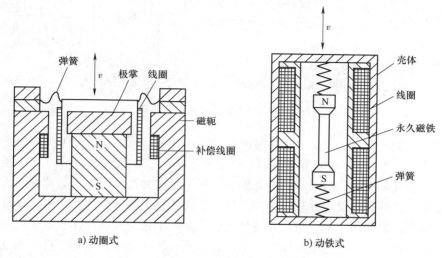

a) 动圈式　　　　b) 动铁式

图 8-7-3　恒磁通式磁电传感器结构原理

当壳体随被测振动体一起振动时，由于弹簧较软，运动部件质量相对较大。当振动频率足够高（远大于传感器固有频率）时，运动部件惯性很大，来不及随振动体一起振动，几乎静止不动，振动能量几乎全被弹簧吸收。永久磁铁与线圈之间的相对运动速度接近于振动体振动速度，磁铁与线圈的相对运动切割磁力线，从而产生感应电动势为

$$e = -NB_0Lv$$

（8-7-3）

式中，B_0 为工作气隙磁感应强度；L 为每匝线圈平均长度；N 为线圈在工作气隙磁场中的匝数；v 为相对运动速度。

8.7.2　磁电式传感器应用

磁电式传感器是一种有源传感器，不需要供电电源，由于它输出功率大，性能稳定，应用十分广泛。

1. 线速度测量

线速度测量传感器一般为磁电式速度计，分为绝对速度传感器和相对速度传感器两类。

图 8-7-4 所示为磁电式绝对速度传感器。磁铁与壳体形成磁回路，装在心轴上的线圈和阻尼环组成惯性系统的质量块一同在磁场中运动。弹簧片径向刚度很大、轴向刚度很小，使惯性系统既可得到可靠的径向支承，又保证有很低的轴向固有频率。铜制的阻尼环一方面可增加惯性系统质量，降低固有频率，另一方面在磁场中运动产生磁阻尼力，使振动系统具有合理的阻尼。作为质量块的线圈在磁场中运动，其输出电压与线圈切割磁力线的速度，即质量块相对于壳体的速度成正比。

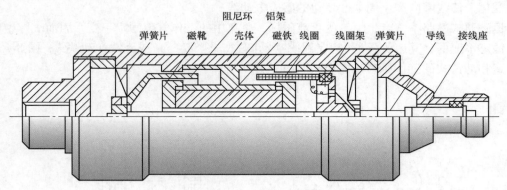

图 8-7-4　磁电式绝对速度传感器

　　根据振动理论可知，为了扩展速度传感器的工作频率下限，应采用 0.5~0.7 的阻尼比。此时，在幅值误差不超过 5% 的情况下，工作频率下限可扩展到 $\omega/\omega_n = 1.7$。这样的阻尼比也有助于迅速衰减意外扰动所引起的瞬态振动，但是用这种传感器在低频范围内无法保证测量的相位精确度，测得的波形有相位失真。从扩大使用频率范围来讲，希望尽量降低绝对速度计的固有频率，但是过大的质量块和过低的弹簧刚度不仅使速度计体积过大，而且使其在重力场中静变形很大。这不仅引起结构上的困难，而且易受交叉振动的干扰。因此，其固有频率一般取 10~15Hz，其可用频率范围一般为 15~1000Hz。

　　图 8-7-5 所示为磁电式相对速度传感器。传感器活动部分由顶杆、弹簧和工作线圈连接而成，活动部分通过弹簧连接在壳体上。磁力线从永久磁铁的一极出发，通过工作线圈、空气隙、壳体再回到永久磁铁的另外一极构成闭合磁路。工作时，将传感器壳体与机件固接，顶杆顶在另一构件上，当此构件运动时，使得外壳与活动部分产生相对运动，工作线圈在磁场中运动产生感应电动势，此电动势反映的是两构件的相对运动速度。

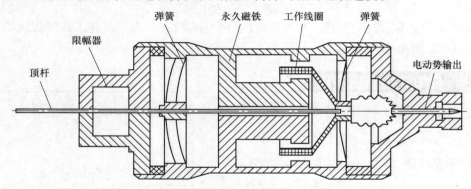

图 8-7-5　磁电式相对速度传感器

2. 角速度或转矩测量

角速度测量一般采用变磁阻式速度传感器，测量方法如图 8-7-2a 所示。在实际应用中，还可以借助此原理测量转矩，图 8-7-6 是变磁阻式磁电速度传感器测量转矩的工作原理图。在驱动源和负载之间的扭转轴的两侧安装有齿形圆盘，它们旁边装有相应的两个变磁阻式转速传感器。当齿形圆盘旋转时，圆盘齿凸凹引起磁路气隙的变化，于是磁通量也发生变化，在线圈中感应出交流电压，其频率等于圆盘上齿数与转速的乘积。

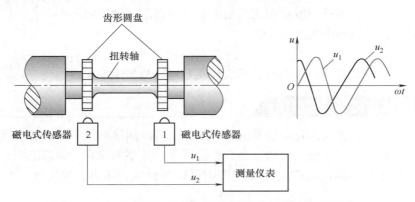

图 8-7-6　变磁阻式磁电速度传感器测量转矩的工作原理

当转矩作用在扭转轴上时，两个磁电式传感器输出的感应电压 u_1 和 u_2 存在相位差。这个相位差与扭转轴的扭转角成正比。这样传感器就可以把转矩引起的扭转角转换成相位差的电信号，通过测量相位差就可以得到转矩。

8.8　霍尔式传感器

霍尔式传感器是利用半导体材料（霍尔元件）的霍尔效应将位置、转速、振动等被测量转换成电动势信号的一种传感器。

8.8.1　霍尔效应

霍尔式传感器的工作原理是霍尔效应。一个半导体薄片置于磁场中，当有电流流过时，在垂直于电流和磁场的方向上将产生电动势，这种现象称为霍尔效应。

假设薄片为 N 型半导体，磁感应强度为 B 的磁场方向垂直于薄片，如图 8-8-1 所示，在薄片左右两端通以控制电流 I，那么半导体中的载流子（电子）将沿着与电流 I 相反的方向运动。由于外磁场 B 的作用，使电子受到磁场力 F_L（洛仑兹力）而发生偏转，结果在半导体的后端面上积累带负

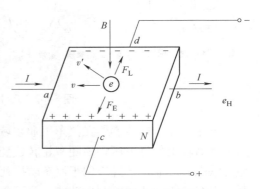

图 8-8-1　霍尔效应与霍尔元件

电的电子，而前端面缺少电子带正电，在前后端面间形成电场。该电场产生的电场力F_E阻止电子继续偏转。当$F_E = F_L$时，电子积累达到动态平衡。这时在半导体前后两端面之间（即垂直于电流和磁场方向）建立电场，相应的电动势称为霍尔电动势e_H。霍尔电动势e_H可表示为

$$e_H = R_H IB/\delta = k_H IB \tag{8-8-1}$$

式中，R_H为霍尔系数，由半导体材料的物理性质决定；I为流经霍尔元件的电流；B为磁场的磁感应强度；δ为霍尔元件薄片的厚度；k_H为灵敏度系数，与载流材料的物理性质和几何尺寸有关，表示在单位磁感应度和单位控制电流时的霍尔电动势的大小。

如果磁场和薄片法线夹角为α，则

$$U_H = k_H IB\cos\alpha \tag{8-8-2}$$

改变B、I、α中的任何一个参数，都会使霍尔电动势发生变化。

8.8.2 霍尔式传感器的应用

霍尔式传感器可以直接测量磁场及微位移量，也可以间接测量液位、压力等参数。霍尔式传感器具有体积小、成本低、灵敏度高、性能可靠、频率响应宽、动态范围大的特点，并可采用集成电路工艺，因此被广泛用于电磁测量以及转速、压力、加速度、振动等方面的测量。

1. 转速测量

利用霍尔式传感器测量转速的方案较多，图 8-8-2 是几种不同布局形式的霍尔式转速传感器的结构。转盘的输入轴与被测转轴相连，图 8-8-2a、d 是在转盘上安装小块磁铁，做成磁性转盘，当被测转轴转动时，磁性转盘随之转动，固定在磁性转盘附近的霍尔式传感器便可在磁铁通过时产生一个相应的脉冲；图 8-8-2b、c 形式略有不同，磁铁和传感器都静止不动，通过翼片改变磁路磁阻，形成周期性信号。而后续脉冲整形电路和计数电路可以自动检测出单位时间的脉冲数，除以转盘翼片数或转盘上安装的磁铁数，就可得出被测转速。磁性转盘上磁铁数目的多少（或翼片数量的多少）决定了传感器测量转速的分辨率。

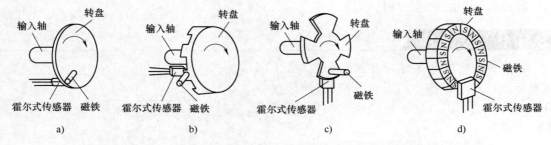

图 8-8-2　几种霍尔式转速传感器的结构

近年来霍尔式传感器在汽车工业领域应用较多。由于霍尔式轮速传感器能克服电磁式轮速传感器输出信号电压幅值随车轮转速变化而变化，响应频率不高，以及抗电磁波干扰能力差等缺点，因而被广泛应用于汽车防抱死制动系统（ABS）。在现代汽车上大量安装防抱死制动系统，既有普通的制动功能，又可以在制动过程中随时调节制动压力防止车轮锁死，使

汽车在制动状态下仍能转向，保证其制动方向稳定性，防止侧滑和跑偏。霍尔式传感器作为车轮轮速传感器，是制动过程中实时数据采集器，是制动防抱死系统的关键部件之一。

2. 电流测量

霍尔式传感器在电工领域应用也很广泛，除了直接测量磁感应强度 B 外，还常用于电流监测。当待测电流 I_p 流过长导线时，在导线周围将产生一磁场，该磁感应强度与电流的关系符合安培环路定理，即大小与流过导体的电流成正比。图 8-8-3 所示的霍尔式电流传感器中，磁心用软磁材料制成，一般采用硅钢片，其作用是将磁场聚集在磁环内，将霍尔元件放在磁环气隙中，用来感受磁环聚集的与电流 I_p 成正比例的磁场大小，输出的霍尔电动势经放大后，其输出电压 U_o 可以反映出待测电流 I_p 的大小。

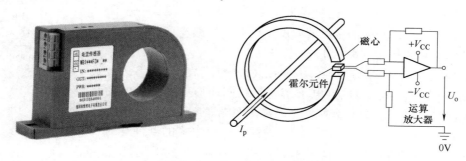

图 8-8-3　霍尔式电流传感器

3. 无损探伤

由于铁磁性材料具有高磁导率特性，当其出现缺陷时，表面和近表面的磁力线发生局部畸变，通过采用霍尔元件检测泄漏磁场的信号变化，可以有效地检测出缺陷存在。霍尔效应无损探伤方法安全、可靠、实用，并能实现无速度影响检测，因此，被广泛应用在设备故障诊断、材料缺陷检测之中。

钢丝绳作为起重、运输、提升及承载设备中的重要构件，被应用于矿山、运输、建筑、旅游等行业，但由于使用环境恶劣，在它表面会产生断丝、磨损等各种缺陷，因此对钢丝绳探伤检测显得尤为重要。目前，国内外公认的最可靠、最实用的方法就是漏磁检测方法，断丝探伤检测方案如图 8-8-4 所示。钢丝绳中的断丝会改变永久磁铁产生的磁场，通过霍尔元件检测磁场变化，便可判断断丝位置以及断丝根数。

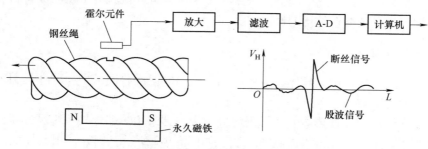

图 8-8-4　钢丝断丝探伤检测

8.9 热电偶传感器

热电偶传感器是利用热电效应将温度信号转换成热电动势信号的一种传感器。

8.9.1 热电效应

热电偶传感器的工作原理是热电效应。热电效应是指两种不同材料的导体或半导体组成闭合回路，当两端存在温度梯度时，回路中就会有电流通过，此时两端之间就存在电动势——热电动势。

如图 8-9-1 所示，如果将两种不同的导体 A 和 B 串接成一个闭合回路，当导体 A 和 B 的两接点处温度不同时，回路中产生的热电动势 $e_{AB}(t, t_0)$ 可以用式（8-9-1）描述。

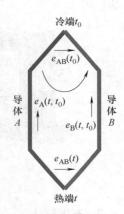

图 8-9-1 热电效应

$$e_{AB}(t, t_0) = e_{AB}(t) + e_B(t, t_0) - e_{AB}(t_0) - e_A(t, t_0) \quad (8\text{-}9\text{-}1)$$

式中，$e_{AB}(t)$ 与 $e_{AB}(t_0)$ 为接点电子密度不相同而形成的接触电动势；$e_A(t, t_0)$ 与 $e_B(t, t_0)$ 分别为两种金属导体两端温度不同而产生的温差电动势，该电动势在等温时为零。这两种材料组成的器件称为热电偶，A、B 两种导体就称为热电偶的电极，两个接点分别称为工作端（热端）和参考端（冷端）。若热电偶材料一定，冷端温度固定，则回路中热电动势是热端温度的单值函数。也就是说，热电偶中的热电动势是两个接点温差的函数，如果要测量热端温度 t，首要条件是冷端温度 t_0 保持不变，这样热电偶输出的热电动势才是待测温度 t 的单值函数。

热电偶具有 4 个基本定律，包括均质导体定律、中间导体定律、中间温度定律以及标准电极定律，这 4 大基本定律对热电偶的应用有极其重要的作用。

1. 均质导体定律

由同一种均质材料（导体或半导体）两端焊接组成闭合回路，无论导体截面如何以及温度如何分布，将不产生接触电动势，温差电动势相抵消，回路中总电动势为零。

可见，热电偶必须由两种不同的均质导体或半导体构成。若热电极材料不均匀，由于温度梯度存在，将会产生附加热电动势。根据这个定律，可以检验两个热电极材料成分是否相同，也可以检查热电极材料的均匀性。

2. 中间导体定律

在热电偶回路中接入中间导体，只要中间导体两端温度相同，中间导体的引入对热电偶回路总电动势没有影响。

依据中间导体定律，在热电偶实际测温应用中，常采用热端焊接、冷端开路的形式，冷端经连接导线与显示仪表连接构成测温系统，如图 8-9-2 所示。例如，用铜导线连接热电偶冷端到仪表读取电压值，在导线与热电偶连接处产生的接触电动势不会对测量产生附加误差。再比如，可以不焊接热电偶的两端而直接插入液态金属中或直接焊在金属表面进行温度测量。

3. 中间温度定律

热电偶回路两接点（温度为 t、t_0）间的热电动势，等于热电偶在温度为 t、t_1 时的热电动势与在温度为 t_1、t_0 时的热电动势的代数和，t_1 称中间温度，如图 8-9-3 所示。

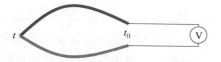

图 8-9-2　利用中间导体定律进行测量

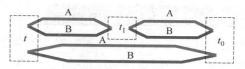

图 8-9-3　中间温度定律

中间温度定律为热电偶的温差测量提供了依据，只要已知 t 和 t_0 任一温度下的热电动势，则对应于 t 和 t_0 温差下的热电动势便为已知。此外，中间温度定律为使用分度表提供了帮助。工程实践中，通常把标准热电偶的温度与热电动势之间的关系制成表格，测量出热电动势后，查表就可以知道待测的温度。这个表就称为热电偶分度表，标准热电偶材料都配备有分度表，测量时可直接查阅。常用的热电偶种类有很多，以 K 型（正极镍铬、负极镍硅）热电偶为例，其分度表见表 8-9-1。

表 8-9-1　K 型热电偶分度表

温度 /(℃)	0	10	20	30	40	50	60	70	80	90	100
	热电动势/mV										
0	0	0.397	0.798	1.203	1.612	2.023	2.436	2.851	3.267	3.682	4.096
100	4.096	4.509	4.920	5.328	5.735	6.138	6.540	6.941	7.340	7.739	8.138
200	8.138	8.539	8.940	9.343	9.747	10.153	10.561	10.971	11.382	11.795	12.209
300	12.209	12.624	13.040	13.457	13.874	14.293	14.713	15.133	15.554	15.975	16.397
400	16.397	16.820	17.243	17.667	18.091	18.516	18.941	19.366	19.792	20.218	20.644
500	20.644	21.071	21.497	21.924	22.350	22.776	23.203	23.629	24.055	24.480	24.905
600	24.905	25.330	25.755	26.179	26.602	27.025	27.447	27.869	28.289	28.710	29.129
700	29.129	29.548	29.965	30.382	30.798	31.213	31.628	32.041	32.453	32.865	33.275
800	33.275	33.685	34.093	34.501	34.908	35.313	35.718	36.121	36.524	36.925	37.326
900	37.326	37.725	38.124	38.522	38.918	39.314	39.708	40.101	40.494	40.885	41.276
1000	41.276	41.665	42.053	42.440	42.826	43.211	43.595	43.978	44.359	44.740	45.119
1100	45.119	45.497	45.873	46.249	46.623	46.995	47.367	47.737	48.105	48.473	48.838
1200	48.838	49.202	49.565	49.926	50.286	50.644	51.000	51.355	51.708	52.060	52.410
1300	52.410										

利用分度表可以由温度查询出热电动势，也可由热电动势查询对应的热电偶温度。

4. 标准电极定律

如果两种导体分别与第 3 种导体组成的热电偶，且其所产生的热电动势已知，则由这两种导体组成的热电偶所产生的热电动势也就可知。

标准电极定律是一个极为实用的定律。纯金属的种类很多，而合金类型更多。因此，要得出这些金属之间组合而成热电偶的热电动势，其工作量是极大的。由于铂的物理、化学性质稳定，熔点高，易提纯，所以，我们通常选用高纯铂丝作为标准电极，只要测得各种金属与纯铂组成的热电偶的热电动势，则各种金属之间相互组合而成的热电偶的热电动势就可以得到了。

8.9.2 热电偶的分类与应用

理论上任何两种不同的金属材料均可装配成热电偶，但在实际中并非如此。首先是热电极材料的要求，一般要求物理化学性质稳定，电阻温度系数小，力学性能好，所组成的热电偶灵敏度高，复现性好，而且希望热电动势与温度之间的函数关系尽可能呈线性关系。因此，可以满足上述特性的材料是有限的，可组成的热电偶种类也有限。此外，一般热电偶的灵敏度随温度降低而明显下降，这是热电偶在低温测量中所面临的主要困难。

我国工业领域使用的热电偶通常可分为标准热电偶和非标准热电偶。所谓标准热电偶是指国家标准规定了其热电动势与温度的关系、允许误差，并有统一的标准分度表的热电偶，通常也配套有显示控制仪表，是推荐使用的。

国家标准 GB/T 16839.1—2018《热电偶 第 1 部分：电动势规范和允差》列出了 10 种标准化热电偶的类型及分度号，见表 8-9-2。

表 8-9-2 热电偶类型及分度号

分 度 号	元素及合金质量名义成分		分 度 号	元素及合金质量名义成分	
	正 极 材 料	负 极 材 料		正 极 材 料	负 极 材 料
R	铂铑 13%	铂	E	镍铬	铜镍
S	铂铑 10%	铂	K	镍铬	镍铝
B	铂铑 30%	铂铑 6%	N	镍铬硅	镍硅
J	铁	铜镍	C	钨铼 5%	钨铼 26%
T	铜	铜镍	A	钨铼 5%	钨铼 20%

非标准热电偶在使用范围或数量级上均不及标准热电偶，一般也没有统一的分度表，主要用于某些特殊场合的测量。

热电偶的结构型式通常可分为普通型和铠装型两类。普通型热电偶主要用于测量气体蒸汽和液体等介质的温度，可根据测量条件和测量范围来合理选用。为了防止有害介质对热电极的侵蚀，工业用的普通热电偶一般都有保护套管，其结构示意图如图 8-9-4a 所示。如果发生断偶，可以只更换偶丝，而不必更换其他部件。

铠装型热电偶是将热电极、绝缘材料、金属保护管组合在一起，拉伸加工成为一个整体，如图 8-9-4b 所示。铠装型热电偶具有很大的可挠性，其最小弯曲半径通常是热电偶直径的 5 倍。此外它还具有测温端热容量小、动态响应快、强度高、寿命长及适用于狭小部位测温等优点，是新近发展起来的特殊结构型式的热电偶。

在生产过程的温度测量中，热电偶应用极其广泛，它具有结构简单、制造方便、测量范围广、精度高、惯性小和输出信号便于远距离传输等优点，且由于热电偶是一种有源传感器，测量时不需要外加电源，使用方便，所以常被用于炉子、管道内的气体或液体的温度测量以及固体表面的温度测量。

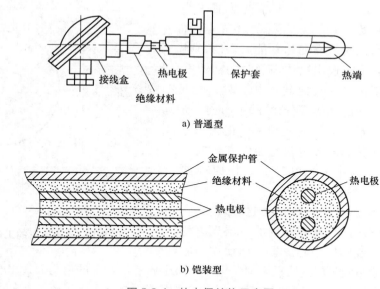

图 8-9-4 热电偶结构示意图

8.10 光电传感器

光电传感器是利用光电效应将光信号转换为电信号的传感器。若用这种传感器测量其他非电量时，只需将这些非电量的变化先转换为光信号的变化。这种测量方法具有结构简单、可靠性高、精度高、非接触和响应速度快等优点，被广泛用于各种测试系统与控制系统中。

8.10.1 光电传感器的工作原理

光电传感器的工作原理是光电效应。每个光子具有的能量为 $h\nu$（ν 为光的频率，h 为普朗克常数，$h = 6.6260693 \times 10^{-34} J \cdot s$），用光照射某一物体，即为光子与物体的能量交换过程，这一过程中产生的电效应称为光电效应。

光电效应按其作用原理又分为外光电效应、内光电效应和光生伏特效应。

1. 外光电效应

在光照作用下，物体内的电子从物体表面逸出的现象称为外光电效应，亦称光电子发射效应。在这一过程中光子所携带的电磁能转换为光电子的动能。

金属中存在大量的自由电子，它们通常在金属内部做无规则的热运动，不能离开金属表面。但当电子从外界获取到大于或等于电子逸出功的能量时，便可离开金属表面。为使电子在逸出时具有一定的速度，就必须使电子具有大于逸出功的能量 W_A，即 $h\nu > W_A$。对每一种光电阴极材料，均有一个确定的光频率阈值。当入射光频率低于该值时，无论入射光的发光强度多大，均不能引起光电子发射。反之，入射光频率高于阈值频率，即使发光强度极小，也会有光电子发射，且单位时间内发射的光电子数与入射光发光强度成正比。

对于外光电效应器件来说，只要光照射在器件阴极上，即使阴极电压为零，也会产生光电流，这是因为光电子逸出时具有初始动能。要使光电流为零，必须使光电子逸出物体表面时的初速度为零。为此要在阳极加一反向截止电压 U，使外加电场对光电子所做的功等于光电子逸出时的动能。反向截止电压 U 仅与入射光频率成正比，与入射光发光强度无关。外光电效应器件有光电管和光电倍增管等。其中，光电管的工作原理如图 8-10-1 所示。

光电管的典型结构是将球形或圆柱形玻璃壳抽成真空，在半球面内或圆柱面内涂一层光电材料作为阴极，球心或圆柱中心放置金属丝作为阳

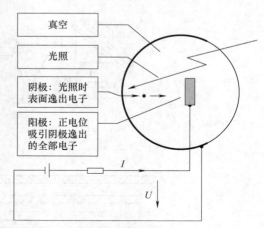

图 8-10-1　光电管的工作原理

极。当阴极受到适当波长的光线照射时，电子克服金属表面对它的束缚而逸出金属表面，形成电子发射。电子被带正电位的阳极所吸引，在光电管内就有了电子流，在外电路中便产生了电流，因此光电流的大小与照射在光电阴极上的发光强度成正比。光电管工作时，必须在其阴极与阳极之间加上电动势，使阳极的电位高于阴极。

2. 内光电效应

在光照作用下，物体的导电性能如电阻率发生改变的现象称内光电效应，又称光导效应。内光电效应与外光电效应不同，外光电效应产生于物体表面层，在光辐射作用下，物体内部的自由电子逸出到物体外部，而内光电效应则不发生电子逸出。这时，物体内部的原子吸收光能量，获得能量的电子摆脱原子束缚成为物体内部的自由电子，从而使物体的导电性发生改变。内光电效应器件主要包括光敏电阻、光电二极管及光电晶体管等。

光敏电阻具有在特定波长的光照射下，其阻值迅速减小的特性。这是由于光照产生的载流子都参与导电，在外加电场的作用下做漂移运动，电子奔向电源的正极，空穴奔向电源的负极，从而使光敏电阻的阻值迅速下降。电阻随着入射光增强而减小，入射减弱而增大。常用的光敏电阻材料为硫化镉，另外还有硒、硫化铝、硫化铅和硫化铋等材料。

如图 8-10-2 所示，光敏电阻的两端加上偏置电压 U_b 后，产生电流 I_p。当入射光的光学参数变化时，光敏电阻的阻值变化，相应的电流 I_p 也会发生变化，通过检测电流值可以检测出光照度。光敏电阻在不受光照时的阻值称为"暗电阻"，暗电阻越大越好，一般是兆欧数量级；而光敏电阻在受光照时的阻值称为"亮电阻"，光照越强，亮电阻就越小，一般为千欧数量级。光敏电阻的亮电阻与光照强度之间的关系，称为光敏电阻的光照特性。一般光敏电阻的光照特性呈非线性，因此光敏电阻常用作光电开关。

光电二极管是电子电路中广泛采用的光敏器件。它的核心部分是一个 PN 结，和普通二极管相比，在结构上不同的是，为了便于接收入射光照，PN 结面积尽量相对大一些，电极

面积相对小些，而且 PN 结的结深很浅，一般小于 $1\mu m$。

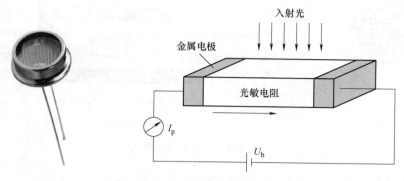

图 8-10-2 光敏电阻原理

如图 8-10-3 所示，光电二极管是在反向电压作用之下工作的。没有光照时，反向电流很小（一般小于 $0.1\mu A$），称为暗电流。当有光照时，携带能量的光子进入 PN 结后，把能量传给共价键上的束缚电子，使部分电子挣脱共价键，从而产生电子-空穴对，称为光生载流子。

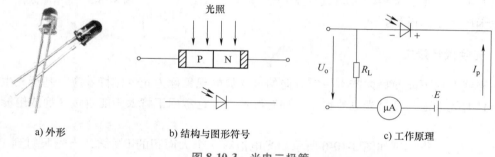

a) 外形   b) 结构与图形符号   c) 工作原理

图 8-10-3 光电二极管

它们在反向电压作用下参加漂移运动，使反向电流明显变大，光照度越大，反向电流也越大。这种特性称为"光电导"。光电二极管在一般光照度的光线照射下，所产生的电流叫光电流。如果在外电路上接上负载，负载上就获得了电信号，而且这个电信号随着光的变化而相应变化。

所有类型的光传感器都可以用来检测突发的光照，或者探测同一电路系统内部的发光。光电二极管常常和发光器件（通常是发光二极管）合并在一起组成一个模块，这个模块常被称为光电耦合器，如图 8-10-4 所示。这样就可以通过分析接收到光照的情况来分析外部机械元件的运动情况。光电二极管另外一个作用就是在模拟电路以及数字电路之间充当中介，这样两段电路就可以通过光信号耦合起来，以此提高电路的安全性。

光电晶体管（图 8-10-5）的内部有两个 PN 结，其发射结与光电二极管一样具有光敏特性，集电结与普通晶体管一样可以获得电流增益，因此光电晶体管比光电二极管具有更高的灵敏度，它在把光信号变为电信号的同时，还放大了信号电流，即具有放大作用。光电晶体管有 PNP 与 NPN 两种类型。由于光电晶体管具有电流放大作用，因此广泛应用于亮度测量、测速、光电开关电路、光电隔离场合，例如同样可以利用光电晶体管和发光二极管结合，构成光电耦合器。

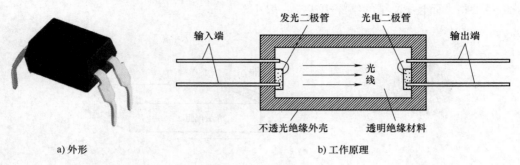

a) 外形   b) 工作原理

图 8-10-4 光电耦合器

光电晶体管和光电二极管都能把接收到的光信号变成电信号，但是光电晶体管所转换的光电流要比光电二极管大几十倍甚至几百倍；光电二极管的光电流小，输出特性线性度好，响应时间快；光电晶体管的光电流大，输出特性线性度较差，响应时间慢。因此一般要求灵敏度高、工作频率低的开关电路，选用光电晶体管，而要求光电流与照度呈线性关系或要求在高频率下工作时，应采用光电二极管。

图 8-10-5 光电晶体管

3. 光生伏特效应

在光线照射下能使物体产生一定方向的电动势的现象称为光生伏特效应。基于光生伏效应的器件有光电池，可见光电池也是一种有源器件。它常用于将太阳能直接转换成电能，亦称为太阳能电池。

光电池的工作原理如图 8-10-6 所示。光电池有一个大面积的 PN 结，当光照射到 PN 结的一个面，例如 P 型面光伏时，若光子能量大于半导体材料的禁带宽度，那么 P 型区每吸收一个光子就产生一对自由电子和空穴，电子-空穴对从表面向内迅速扩散，在结电场的作用下，从而产生一个与光照强度有关的电动势，继而产生电流。

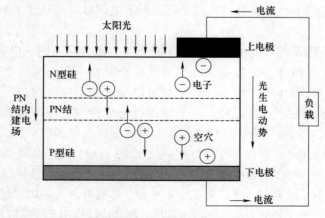

图 8-10-6 光电池的工作原理

光电池有两个主要参数指标：短路电流与开路电压。短路电流在很大范围内与光照度呈线性关系，而开路电压与光照度是非线性关系，因此光电池常用作电流源。

光电池种类很多，有硅、硒、砷化镓、硫化镉、硫化铊光电池等。其中硅光电池由于其转换效率高、寿命长、价格便宜而应用最为广泛，较适宜于接收红外光。硒光电池适宜于接收可见光，但其转换效率低（仅有 0.02%）、寿命低，它的最大优点是制造工艺成熟、价格便宜，因此仍被用来制作照度计。砷化镓光电池的光电转换效率稍高于硅光电池，其光谱响应特性与太阳光谱接近，且其工作温度最高，耐受宇宙射线的辐射，因此可作为宇航电源。

8.10.2 光电传感器应用

由于光电测量方法灵活多样，可测参数众多，既可以用来检测直接引起光量变化的非电量，如发光强度、光照度、辐射测温和气体成分分析等，又可以用来检验能转换成光量变化的其他非电量，如零件直径、表面粗糙度、应变、位移、振动、速度、加速度，以及物体的形状、工作状态的识别等。

一般情况下，它具有非接触、高精度、高分辨率、高可靠性和响应快等优点，再加上激光光源、光栅、光学码盘、电荷耦合器件、光导纤维等的相继出现和成功应用，使得光电传感器在检测和控制领域得到了广泛的应用。

光电传感器按其接收状态可分为模拟式光电传感器和脉冲式光电传感器。

1. 模拟式光电传感器

模拟式光电传感器是基于光敏器件的光电特性工作的，当其光通量随被测量变化时，光电流就成为被测量的函数。这一类光电传感器的工作方式如图 8-10-7 所示。

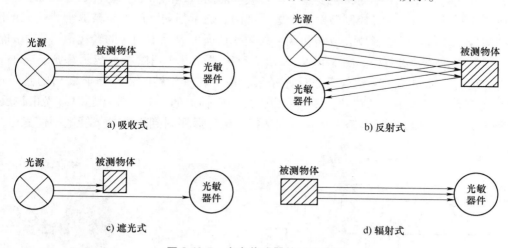

图 8-10-7 光电传感器的工作方式

图 8-10-7a 所示为吸收式。被测物体位于恒定光源与光敏器件之间，根据被测物体对光的吸收程度或对光谱线的选择来测定被测参数，例如测量液体、气体的透明度、混浊度，对气体进行成分分析，测定液体中某种物质的含量等。

图 8-10-7b 所示为反射式。恒定光源发出的光投射到被测物体上，被测物体把部分光通量反射到光敏器件上，根据反射的光通量多少测定被测物表面的状态和性质，例如测量零件

的表面粗糙度、表面缺陷、表面位移等。

图 8-10-7c 所示为遮光式。被测物体位于恒定光源与光敏器件之间，光源发出的光通量经被测物遮去其一部分，使作用在光敏器件上的光通量减弱，减弱的程度与被测物在光学通路中的位置有关。利用这一原理可以测量长度、厚度、线位移、角位移和振动等。

图 8-10-7d 所示为辐射式。被测物体本身就是辐射源，它可以直接照射在光敏器件上，也可以经过一定的光路后作用在光敏器件上。光电高温计、比色高温计、红外侦察和红外遥感等均属于这一类。这种方式也可以用于防火报警和构成光照度计等。

图 8-10-8 所示为光电传感器用于检测工件表面粗糙度或表面缺陷的原理图。从光源发出的光经过被测工件的表面反射，由光电检测器件接收。当被测工件表面有缺陷或表面粗糙度精度较低时，反射到光电检测器件上的光通量变小，转换成的光电流就小，因而可以实现工件的表面粗糙度检测。

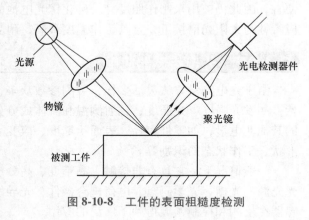

图 8-10-8　工件的表面粗糙度检测

2. 脉冲式光电传感器

脉冲式光电传感器的光敏器件仅作开关器件运用，这类传感器要求光敏器件灵敏度高，而对光电特性的线性要求不高，主要用于设备或产品的转速测量、自动计数等方面。

在转速测量中，可通过控制照射于光敏器件的光通量强弱，产生与被测轴转速成正比的电脉冲信号，该信号经整形放大电路和数字式频率计即可显示出相应的转速值。常用的转速测量有反射式和透射式两种。图 8-10-9a 所示为反射式光电转速测量系统示意图。转轴经过不反光处理后，轴向等距粘贴若干条反光条纹，被测转轴旋转时，光源所发出的光经透镜1、2 聚光到粘贴反光条纹的转轴上，当光束恰好与转轴上的反光条纹相遇时，光束被反射，经过透镜2，部分光线通过半透半反膜，和透镜3 聚焦后照射到光电晶体管上，使光电晶体

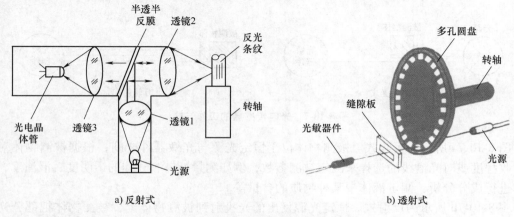

a) 反射式　　　　　　　　　　　　　　　　b) 透射式

图 8-10-9　光电转速传感器

管电流增大。而当聚光后的光束没有照射到转轴上的反光条纹时，光线被吸收而不反射回来，此时流经光电晶体管的电流不变，因此在光电晶体管上输出与转速成比例的电脉冲信号，其脉冲频率正比于转轴的转速和反光条纹的数目。图 8-10-9b 所示为透射式光电转速测量系统示意图。当多孔圆盘随转轴转动时，光敏器件交替受到光照，产生交替变换的光电动势，从而形成与转速成比例的脉冲电信号，其脉冲信号的频率正比于转轴的转速和多孔圆盘的透光孔数。

目前市场上的光电式传感器测速范围可达每分钟几十万转，使用方便，且对被测轴无干扰。因此，在高速旋转机械的转速测量中应用非常广泛。

思考题

8-1 金属材料应变片和半导体材料应变片各有何优缺点？

8-2 用应变片测量时，为什么必须采取温度补偿措施？

8-3 差动式传感器的优点是什么？

8-4 题图 8-1 所示分别为拉伸梁测力系统与弯曲梁测力系统，R_1 为电阻应变片，应变片灵敏度系数 $S=2.05$，未受应变时，$R_1=120\Omega$，当试件受力 F 时，应变片承受平均应变 $\varepsilon=800\mu m/m$，求：

1）应变片的电阻变化量 ΔR_1 和电阻相对变化量 $\Delta R_1/R_1$。

2）将电阻应变片 R_1 置于单臂测量电桥，电桥电源电压为直流 3V，求电桥输出电压。

3）电桥电源电压不变，若要提高系统的灵敏度，可采用何种措施？

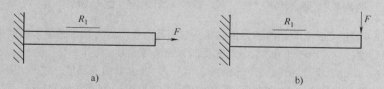

a)   b)

题图 8-1 题 8-4 图

8-5 如题图 8-2 所示，有一个受到剪力作用的平板，采用 4 片电阻应变片测量该平板的应变状态，画出含有温度补偿的半桥贴片图和电路图，写出该系统的灵敏度，说出 4 个应变片的受力状态或作用。

8-6 如题图 8-3 所示，在悬臂梁的上下各贴一片电阻为 120Ω 的金属应变片 R_1 和 R_2。若应变片的灵敏度系数 $S_R=2$，电源电压 $U=2V$，当悬臂梁的顶端受到向下的力 F 时，电阻 R_1 和 R_2 的变化值 $\Delta R_1=\Delta R_2=0.48\Omega$，试求电桥的输出电压，并绘制出电桥电路。此时测得的应变是多少？

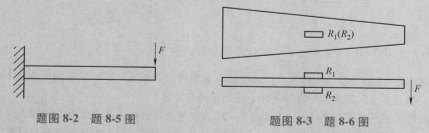

题图 8-2 题 8-5 图   题图 8-3 题 8-6 图

8-7 请简述调幅的基本原理及其目的。

8-8 电容传感器（平行极板电容器）的圆形极板半径 $r=2mm$，工作初始极板间距离 $d=0.3mm$，介质为空气（$\varepsilon_0=8.85\times10^{-12}F/m$）。

1) 如果极板间距离变化量 $\Delta d = \pm 1\mu m$，电容的变化量 ΔC 是多少？

2) 如果测量电路的灵敏度 $S_1 = 400mV/pF$，读数仪表的灵敏度 $S_2 = 10$ 格/mV，在 $\Delta \delta = \pm 1\mu m$ 时，读数仪表的变化量为多少？

8-9　如题图 8-4 所示的电容传感器（平行极板电容器）的半圆形极板半径 $r = 4mm$，工作初始极板间距离 $d = 0.3mm$，介质为空气（$\varepsilon_0 = 8.85 \times 10^{-12} F/m$）。

1) 如果电容极板转过 $1°$，电容的变化量 ΔC 是多少？

2) 如果测量电路的灵敏度 $S_1 = 100mV/pF$，读数仪表的灵敏度 $S_2 = 5$ 格/mV，电容极板转过 $1°$ 时，读数仪表的变化量为多少？

8-10　如题图 8-5 所示电容式位移传感器，该传感器为变面积式，极板宽度 $b = 4mm$，间隙 $d = 0.5mm$，极板间介质为空气，求其静态灵敏度。若极板移动 2mm，其电容变化量为多少？设 $\varepsilon_0 = 8.85 \times 10^{-12} F/m$。

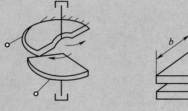 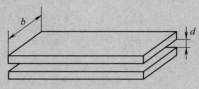

题图 8-4　题 8-9 图　　　　　题图 8-5　题 8-10 图

8-11　题图 8-6 可能是什么类型的压力传感器？说明其测量原理。该传感器采用电荷输出，为了提高该传感器的灵敏度，应采用哪种方式？该传感器能否测量静压力，为什么？

8-12　题图 8-7 是什么类型的传感器？说明其测量原理。1 是什么元器件？常采用哪种材料？若希望用该传感器测出齿轮（齿数为 30）的转速，采集的信号为 3000Hz，求齿轮轴的转速。

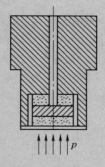 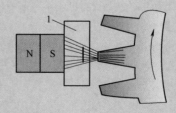

题图 8-6　题 8-11 图　　　　　题图 8-7　题 8-12 图

8-13　题图 8-8 是什么类型的传感器？说明其测量原理。若希望用该传感器测出题图 8-8 所示齿轮（齿数为 60）的转速，采集的信号为 3600Hz，求齿轮轴的转速。

8-14　某啤酒生产厂家需要对生产线上的半透明玻璃啤酒瓶计数，请根据所学的知识设计一种测量方案，说明所采用的传感器类型和原理。为了达到较好的测量效果，相邻两个瓶子通过传感器期间，传感器至少要采集 10 次，若传送带的传动速度为 0.24m/s，两个瓶子的间距是 30mm，选购的传感器采样频率至少为多少？

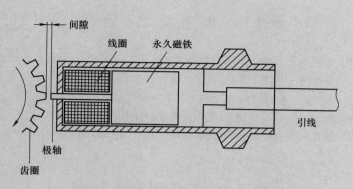

题图 8-8　题 8-13 图

8-15　某转矩传感器由两个传感器 1、2 组成，如题图 8-9 所示，1、2 可采用什么类型传感器？列举一例，并说明其测量原理。该传感器能否同时测量转子的转速？如果能测量，在齿数为 50，采集的信号周期为 0.1ms 时，轴的转速是多少？如果不能测量，说明原因。

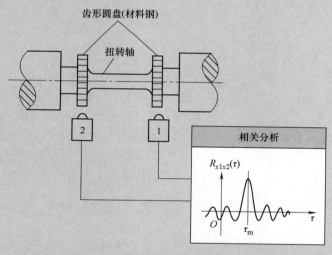

题图 8-9　题 8-15 图

8-16　热电偶是如何实现温度测量的？

8-17　题图 8-10 所示为利用光电器件检测工件孔径的示意图，请叙述其工作原理。

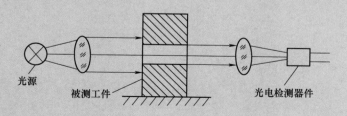

题图 8-10　题 8-17 图

参 考 文 献

[1] 杨叔子，杨克冲，吴波，等. 机械工程控制基础 [M]. 7 版. 武汉：华中科技大学出版社，2018.

[2] 陈花玲. 机械工程测试技术 [M]. 3 版. 北京：机械工业出版社，2018.

[3] 董景新，赵长德，郭美凤，等. 控制工程基础 [M]. 4 版. 北京：清华大学出版社，2015.

[4] 贾民平，张洪亭. 测试技术 [M]. 3 版. 北京：高等教育出版社，2015.

[5] 谢里阳，孙红春，林贵瑜. 机械工程测试技术 [M]. 北京：机械工业出版社，2012.